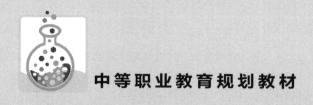

中等职业教育规划教材

RIYONG HUAXUEPIN FENXI

日用化学品分析

朱国军　裴小平　主　编
柯昌悦　　副主编

U0381752

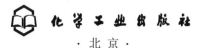

化学工业出版社

·北京·

《日用化学品分析》以工业分析与质量检验、精细化工等专业中的日用化学品分析为核心内容，以项目教学法的模式编写。全书共五个学习项目，分别为表面活性剂的分析技术、化妆品的分析技术、洗涤剂的分析技术、口腔用品的分析技术、日用化学品微生物检验。每个学习项目中有若干个学习任务，学习任务中包含了教学目标、任务介绍、任务解析、任务实施以及与该任务相关的一些知识，完成任务后有任务评价、思考练习、综合拓展等来对学习任务进行巩固与反馈。每个任务的学习中，任务实施是最重要的环节，在任务实施中，除了按照相关标准准备实验仪器与试剂，进行实验步骤，还需要学生自己对实验操作进行综合描述，即根据实验步骤描述，设计出实验操作流程示意图，展示整个实验操作的指导图示，以此来加深学生对该任务内容的学习，发挥学生学习的主动性。

　　本书可作为中等职业院校工业分析与质量检验、精细化工等专业教材，也可作为日用化学品分析行业人员的参考用书。

图书在版编目（CIP）数据

日用化学品分析/朱国军，裴小平主编．—北京：
化学工业出版社，2019.3
中等职业教育规划教材
ISBN 978-7-122-33856-3

Ⅰ.①日…　Ⅱ.①朱…②裴…　Ⅲ.①日用化学品-
化学分析-中等专业学校-教材　Ⅳ.①TQ072

中国版本图书馆 CIP 数据核字（2019）第 025534 号

责任编辑：旷英姿　　　　　　　　　　　文字编辑：李　玥
责任校对：张雨彤　　　　　　　　　　　装帧设计：王晓宇

出版发行：化学工业出版社（北京市东城区青年湖南街 13 号　邮政编码 100011）
印　　装：三河市延风印装有限公司
710mm×1000mm　1/16　印张 8½　字数 135 千字　　2019 年 6 月北京第 1 版第 1 次印刷

购书咨询：010-64518888　　售后服务：010-64518899
网　　址：http://www.cip.com.cn
凡购买本书，如有缺损质量问题，本社销售中心负责调换。

定　　价：26.00 元　　　　　　　　　　　　　　版权所有　违者必究

前　言

　　随着人们生活水平的提高，消费者对日用化学品的质量有了新的要求，为切实保证人们的身心健康，日用化学品（简称日化品）在进入市场之前，必须按照一定的国家（企业）标准进行严格的检验分析。为了发展和培养日用化学品方面的专门人才，我们参考了许多文献资料和相关书籍，并结合职业教育的项目教学模式，编写了本书。

　　综合检验技能是用人单位对技工院校技能人才的岗位要求，培养学生的综合检验技能自然成为了技工院校相关课程的教学目标，在日用化学品生产和分析相关课程方面，我院食品化工系教师深入广东诺斯贝尔化妆品股份有限公司及中山榄菊日化实业有限公司等大型日化品企业调研，与企业专家研讨，总结出日化品分析岗位主要的职责及该岗位工作人员从事的典型工作任务。我们结合职业教育系统化的模式，将这些典型的工作任务转化为具有教育价值、培养学生综合检验技能的学习任务，供学生学习。

　　《日用化学品分析》在内容的编排及教学的实施过程中，采用任务驱动的项目教学法，每个项目的学习从简单到复杂，难度逐步深入。每个学习项目中有若干个学习任务，在完成任务之前，学生先了解教学目标、任务介绍、任务解析，并结合该任务的相关知识、仪器与试剂、实验步骤，制作出实验操作过程操作流程示意图，展示整个实验操作的指导图示，以此来加深学生对该任务内容的学习，发挥学习的主动性。完成任务后有任务评价、思考练习、综合拓展等来对学习任务进行巩固与反馈。学生在学习这些任务时，可以以小组合作的形式共同完成。

　　本书由广东省中山市技师学院食品化工系教师编写，项目一由梁士钰、朱国军编写，项目二由李小丽编写，项目三由林国新、柯昌悦编写，项目四由朱国军、谢昭鹏编写，项目五由裴小平编写，全书由朱国军统稿。本书可作为中等职业院校工业分析与质量检验、精细化工等专业教材。

本书由广东省中山市技师学院刘凡担任主审，她对本书提出了许多宝贵意见，特此致谢。

由于编者水平有限，书中难免有疏漏之处，恳请教材使用者能给我们提出改进意见。

编者

2018 年 12 月

目 录

项目一　表面活性剂的分析技术

项目导学

表面活性剂是许多日化部门必要的原料和添加剂，广泛地应用于纺织、制药、化妆品、造纸、皮革以及民用洗涤等各个领域，主要用作润湿剂、渗透剂、洗涤剂、乳化剂、分散剂、增溶剂、发泡剂、消泡剂、杀菌剂、柔软剂、抗静电剂等。其用量虽小，但收效甚大，被誉为"工业鸡精"。

学习目标

认知目标

1. 知道表面活性剂 pH 值的测定方法；
2. 熟悉表面活性剂酸碱度的测定方法；
3. 了解表面活性剂的定性分析；
4. 了解表面活性剂的定量分析；
5. 了解非离子表面活性剂浊点的测定方法；
6. 熟悉表面活性剂发泡力的测定方法。

情感目标

1. 激发学生对日化品检验技术的兴趣；
2. 培养学生严谨科学的实验态度；
3. 培养学生小组合作的团队精神。

技能目标

1. 能用酸度计测定表面活性剂的 pH 值；

2. 学会测定表面活性剂酸碱度；

3. 能够对表面活性剂进行定性分析；

4. 学会测定非离子表面活性剂的浊点；

5. 能用罗氏泡沫仪测定表面活性剂的发泡力；

6. 能够对表面活性剂进行定量分析。

知识准备

表面活性剂是指加入少量能使溶液体系的界面状态发生明显变化的物质，具有固定的亲水亲油基团，在溶液的表面能定向排列。表面活性剂是由两种截然不同的粒子形成的分子（如图1-1所示），分子结构具有两亲性：一端为亲水基团，另一端为疏水基团。亲水基团常为极性基团，如羧酸、磺酸、硫酸、羟基、酰氨基、醚键或氨基及

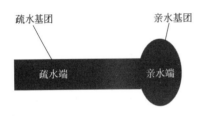

疏水基团　　　　亲水基团

疏水端　　　　亲水端

图1-1　表面活性剂分子结构

其盐等；疏水基团常为非极性烃链，如8个碳原子以上烃链。溶解于水中以后，表面活性剂能降低水的表面张力，并能提高有机化合物的可溶性。

表面活性剂由于具有润湿或抗黏、乳化或破乳、起泡或消泡、增溶、分散、洗涤、防腐、抗静电等一系列物理化学作用及相应的实际应用，成为一类灵活多样、用途广泛的精细化工产品。表面活性剂通常按化学结构来分类，分为离子型和非离子型两大类，离子型表面活性剂又可分为阳离子型、阴离子型和两性型表面活性剂。

任务一　pH 值的测定

教学目标

1. 知道表面活性剂的 pH 值的测定意义和方法；
2. 能够测定表面活性剂的 pH 值。

任务介绍（任务描述）

正常情况下，人体皮肤的 pH 值为 4.5～6.5，因此人们对人体使用的

表面活性剂产品的 pH 值是有要求的。因为表面活性剂本身的 pH 值对表面活性剂产品有着重要的影响，所以工业上在生产日化产品时，都需要参考表面活性剂的 pH 值。表面活性剂的 pH 值是衡量表面活性剂质量的一项指标。

任务解析

表面活性剂 pH 值的测定主要依据 GB/T 6368—2008/ISO 4316—1997，使用电位法测定表面活性剂水溶液的 pH 值。

以玻璃电极为指示电极，饱和甘汞电极为参比电极，插入溶液中组成原电池，测量浸入表面活性剂水溶液的电极电位差。在 25℃时，每单位 pH 标度相当于 59.1mV 电动势变化，在仪器上直接以 pH 值的读数表示。温度差异在仪器上有补偿装置。

任务实施

课前任务

一、仪器与试剂

实验中均使用分析纯试剂及符合实验室三级用水规格的水。标准缓冲溶液也可用市售袋装标准缓冲试剂配制。

酸度计（分度值为 0.01pH 单位）、玻璃指示电极、饱和甘汞参比电极、温度计（分度值为 1℃）、天平（最大负载 100g，分度值 0.01g）。

邻苯二甲酸盐标准缓冲溶液（浓度 $c = 0.05\text{mol/L}$）、磷酸盐标准缓冲溶液（浓度 $c = 0.025\text{mol/L}$）、硼酸盐标准缓冲溶液（称 3.81g 硼酸钠溶于水中，并稀释至 1000mL）。

二、实验步骤

1. 称取 2.5g 试样（精确到 0.01g），用蒸馏水溶解，置于 250mL 容量瓶中，稀释至刻度，摇匀，备用。

2. 用邻苯二甲酸盐标准缓冲溶液和硼酸盐标准缓冲溶液校正酸度计，将温度补偿旋钮调至标准缓冲溶液的温度处，按照表 1-1 所标明的数据，依次检查仪器和电极必须正确，用接近于水样 pH 值的标准缓冲溶液定位。

3. 将酸度计的温度补偿旋钮调至所测水样的温度。浸入电极，摇匀，测定，记录读数，平行测定两次。

表 1-1   标准缓冲溶液在不同温度时的 pH 值

温度/℃	邻苯二甲酸盐标准缓冲溶液	磷酸盐标准缓冲溶液	硼酸盐标准缓冲溶液
0	4.00	6.98	9.46
5	4.00	6.95	9.40
10	4.00	6.92	9.33
15	4.00	6.90	9.28
20	4.00	6.88	9.22
25	4.01	6.86	9.18
30	4.02	6.85	9.14
35	4.02	6.84	9.10
40	4.04	6.84	9.07

三、实验操作综合描述

请根据上述实验步骤描述，设计实验操作流程示意图，展示整个实验操作的指导图示。

课堂任务

一、数据记录与结果计算

表面活性剂水溶液 pH 值的测定数据记录见表 1-2。

表 1-2   表面活性剂水溶液 pH 值的测定

测定次数	1	2
水样温度/℃		
pH 值		
测定结果		
平行测定结果的极差		

平行实验结果允许误差不超过 0.01pH 单位，其平均值为测定结果。

二、任务评价

任务评价见表 1-3。

表 1-3　任务评价

评价项目	评价标准	评价方式			权重	得分小计	总分
		自我评价	小组评价	教师评价			
		10	20	70			
课前学习	1. 对本节内容进行课前预习，了解基本的学习内容知识。 2. 完成相关的知识点内容填写				30		
职业素质	1. 遵守实验室管理规定，严格操作程序。 2. 按时完成学习任务。 3. 学习积极主动、勤学好问				10		
专业能力	1. 掌握表面活性剂水溶液 pH 测定的标准方法。 2. 能正确、规范地进行实验操作。 3. 实验结果准确，且精确度高				50		
协作能力	在团队中所起的作用，团队合作的意识				10		
教师综合评价							

课后任务

一、思考练习

1. 电极在实验结束之后，应如何进行保护？

2. 常温下，标准缓冲溶液的 pH 值有 pH ＝ 4.00、pH ＝ 6.86、pH ＝ 9.18 三种，我们在校正仪器时，如何选择标准缓冲溶液？

二、综合拓展

标准缓冲溶液的选取应尽量接近试样溶液的 pH 值，其中一种和试样的 pH 值相差不得大于 1 个 pH 单位，那么在测试前如何选定标准缓冲溶液？

相关知识

常见表面活性剂水溶液的 pH 值见表 1-4。

表 1-4　常见表面活性剂水溶液的 pH 值

品　　　种	pH 值
烷醇酰胺系列 6501　1∶1 椰子油脂肪酰二乙醇胺(1%水溶液)	9.0～11
烷醇酰胺系列 6503　椰子油脂肪酰二乙醇胺磷酸酯(1%的水溶液)	8.0～10
月桂基磺化琥珀酸单酯二钠(1%水溶液)	5.5～7.0
单十二烷基磷酸酯钾(1%溶液)	6.5～7.5
月桂基磺化琥珀酸单酯二钠(1%水溶液)	5.5～7.0

任务二　表面活性剂游离酸碱度的测定

教学目标

1. 知道表面活性剂的游离酸度或游离碱度的测定意义和方法；

2. 能够测定表面活性剂的游离酸度或游离碱度；

3. 学会表面活性剂游离酸度或游离碱度的计算。

任务介绍（任务描述）

表面活性剂的水溶液由于各种水解反应而呈现出弱酸性或者弱碱性。用酚酞作指示剂测定的酸度或碱度，也可以用酸值或碱值表示。即以存在于 1g 试样中氢氧化钾的质量（mg）数表示其碱值，以中和 1g 产品所需氢氧化钾的质量（mg）数表示其酸值。

任务解析

用酚酞作指示剂，采用盐酸标准溶液或者氢氧化钾标准溶液来滴定样品的乙醇或异丙醇溶液。

任务实施

课前任务

一、仪器与试剂

酸碱两用滴定管（25mL）、分析天平、锥形瓶、铁架台。

氢氧化钾标准溶液（0.1mol/L）、盐酸标准溶液（0.1mol/L）、中性乙醇、酚酞指示剂、表面活性剂样品。

二、实验步骤

称取样品约 10.0g（精确到 0.001g），置于锥形瓶中，加入中性乙醇 100mL，振荡使之完全溶解，加入 4～5 滴酚酞指示剂。若溶液为粉红色，用盐酸标准溶液滴定至无色；若溶液为无色，用氢氧化钾标准溶液滴定至粉红色。平行测定三份。

三、实验操作综合描述

请根据上述实验步骤描述，设计实验操作流程示意图，展示整个实验操作的指导图示。

课堂任务

一、数据记录与结果计算

表面活性剂水溶液酸值或碱值的测定数据记录见表1-5。

表1-5 表面活性剂水溶液酸值或碱值的测定

项　　目	试样1	试样2	试样3
试样的质量/g			
标准溶液的浓度/(mol/L)			
滴定消耗溶液的体积/mL			
校正后(体积、温度),实际消耗溶液的体积/mL			
酸值或碱值			
酸值或碱值的平均值			

结果计算:

$$酸值或碱值 = \frac{c(B)VM}{m}$$

式中　$c(B)$——标准溶液的浓度,mol/L;

　　　　V——消耗标准溶液的体积,mL;

　　　　M——氢氧化钾的摩尔质量,56.1g/mol;

　　　　m——试样的质量,g。

平行实验结果允许误差不超过0.04%,其平均值为测定结果,保留小数点后两位数。

二、任务评价

任务评价见表1-6。

表1-6 任务评价

评价项目	评价标准	评价方式			权重	得分小计	总分
		自我评价	小组评价	教师评价			
		10	20	70			
课前学习	1. 对本节内容进行课前预习,了解基本的学习内容知识。 2. 完成相关的知识点内容填写				30		
职业素质	1. 遵守实验室管理规定,严格操作程序。 2. 按时完成学习任务。 3. 学习积极主动、勤学好问				10		

评价项目	评价标准	评价方式			权重	得分小计	总分
		自我评价	小组评价	教师评价			
		10	20	70			
专业能力	1. 掌握表面活性剂水溶液中酸值或碱值测定的标准方法。 2. 能正确、规范地进行实验操作。 3. 实验结果准确，且精确度高				50		
协作能力	在团队中所起的作用,团队合作的意识				10		
教师综合评价							

课后任务

一、思考练习

1. 实验中,盐酸标准溶液如何配制?

2. 测定某试样酸值时,能否用氢氧化钠标准溶液代替氢氧化钾标准溶液进行滴定?

二、综合拓展

本实验为何要在中性乙醇溶液中进行反应? 能够改在水溶液中进行反应吗?

常见表面活性剂酸值或碱值标准见表 1-7。

表 1-7　常见表面活性剂酸值或碱值标准

品　　种	酸值/(mgKOH/g)
月桂酸聚氧乙烯(400)酯	2
聚乙二醇(400)双油酸酯	10
SPAN-20	≤8
TWEN-20	≤2

任务三　浊点的测定

教学目标

1. 知道表面活性剂的浊点的测定意义和方法；
2. 能够测定表面活性剂的浊点值。

任务介绍（任务描述）

表面活性剂的浊点高低对表面活性剂产品的外观有一定的影响，聚氧乙烯型非离子表面活性剂溶液，随着温度的升高，溶液会出现浑浊现象，表面活性剂由完全溶解转变为部分溶解，这个转变温度即为浊点（cloud point, CP）温度。浊点与表面活性剂分子中亲水基和亲油基质量比有一定的关系。浊点的范围与产品的纯度有一定的关系，质量好、纯度高的产品浊点明显。反之，浊点不明显。

任务解析

浊点是非离子表面活性剂亲水性与温度关系的重要指标，与应用需求密切相关，多采用一定浓度的水溶液升温法测定。

任务实施

课前任务

一、仪器与试剂

水浴加热装置、温度计（量程100℃）、量筒（100mL）、试管、烧杯、碘量瓶（250mL）、安瓿瓶、磁力搅拌器、分析天平。

二乙二醇丁醚（25%，质量分数）。

二、方法的选用

方法一：若试样的水溶液在10～90℃间变浑浊，则在蒸馏水中进行测定。

方法二：若试样的水溶液在低于10℃变浑浊或试样不能完全溶解于水时，则在二乙二醇丁醚（25%，质量分数）中进行测定。方法二对于某些含环氧乙烷低的试样和不溶于二乙二醇丁醚（25%，质量分数）水溶液的试样不适用。

方法三：若试样的水溶液高于90℃时变浑浊，则需在密闭的安瓿瓶中进行测定。方法三又称为安瓿法。

三、实验步骤

1. 方法一

（1）称取0.5g（精确到0.01g）试样，转移到碘量瓶中，用量筒量取100mL蒸馏水加入里面，搅拌，使试样完全溶解。

（2）量取15mL试样溶液，置于试管中，插入温度计，放在水浴中加热，轻轻振荡试管至溶液完全呈浑浊状（溶液温度不超过变浑浊温度10℃），停止加热，试管仍在热浴中，在搅拌下缓缓降温，记录溶液浑浊完全消失时的温度。

（3）重复平行实验两次，两次实验结果差不能超过0.5℃。

2. 方法二

（1）称取5g（精确到0.01g）试样，转移到碘量瓶中，称取45g 25%的二乙二醇丁醚溶液加入碘量瓶，搅拌至试样完全溶解。

（2）量取15mL试样溶液，置于试管中，后续步骤同方法一。

3. 方法三

（1）称取0.5g（精确到0.01g）试样，置于碘量瓶中，用量筒量取

100mL 蒸馏水加入碘量瓶，搅拌，使试样完全溶解。

（2）把试样溶液加入安瓿瓶中，高度约为 40mm，将安瓿瓶用火封住，再用粗孔丝网将安瓿瓶罩住。将安瓿瓶放入加热浴中，安瓿瓶的上端应略伸出液面。

（3）将温度计移置于安瓿瓶旁的热浴内。开动磁力搅拌器，同时加热，至安瓿瓶内液体变浑浊时停止加热，继续搅拌，使溶液慢慢冷却，并记录浑浊完全消失时的温度。

（4）重复平行实验两次，两次实验结果差不能超过 0.5℃。

四、实验操作综合描述

请根据上述实验步骤描述，设计实验操作流程示意图，展示整个实验操作的指导图示。

课堂任务

一、数据记录与结果计算

表面活性剂浊点的测定数据记录见表 1-8。

表 1-8　表面活性剂浊点的测定

温度/℃		浊点的测量结果	平均值
	试样 1		
	试样 2		

二、任务评价

任务评价见表 1-9。

表 1-9　任务评价

评价项目	评价标准	评价方式			权重	得分小计	总分
		自我评价	小组评价	教师评价			
		10	20	70			
课前学习	1. 对本节内容进行课前预习，了解基本的学习内容知识。 2. 完成相关的知识点内容填写				30		
职业素质	1. 遵守实验室管理规定，严格操作程序。 2. 按时完成学习任务。 3. 学习积极主动、勤学好问				10		
专业能力	1. 掌握表面活性剂浊点测定的标准方法。 2. 能正确、规范地进行实验操作。 3. 实验结果准确，且精确度高				50		
协作能力	在团队中所起的作用，团队合作的意识				10		
教师综合评价							

课后任务

一、思考练习

1. 表面活性剂的分类有哪些？

2. 非离子型表面活性剂的特点是什么？

二、综合拓展

检测非离子型表面活性剂的浊点还有哪些方法？如何选择合适的方法？

相关知识

常见表面活性剂浊点值见表 1-10。

表 1-10　常见表面活性剂浊点值

品　　种	浊点/℃
辛基酚聚氧乙烯醚 OP-10	65～70
蓖麻油聚氧乙烯醚 EL-40(1%水溶液)	≥85

任务四　发泡力的测定

教学目标

1. 知道表面活性剂的发泡力测定意义和方法；
2. 能够测定表面活性剂的发泡力。

任务介绍（任务描述）

发泡力是指泡沫形成的难易程度和生成泡沫量的多少，发泡力是表面活性剂的一个重要特征。泡沫与表面活性剂的许多用途相关，如泡沫灭火器、泡沫浮选、泡沫洗涤等。

任务解析

搅动法、气流法、倾注法等是测定表面活性剂泡沫性能的一般方法。国际标准（ISO 696—2007）和国家标准（GB/T 7462—1994）中采用的是罗氏泡沫仪的测定方法。下面介绍表面活性剂发泡力的测定方法（改进 Ross-Miles 法）。该方法参照 GB/T 7462—1994，适用于所有的表面活性剂。

但是用该方法测量易于水解的表面活性剂溶液的发泡力时，不能给出可靠的结果，因为水解物聚集在液膜中，并影响泡沫的持久性。该方法也不适用于非常稀的表面活性剂溶液发泡力的测定。发泡力测试的原理是使 500mL 表面活性剂溶液从 450mm 高度流到相同溶液的液体表面之后，测量得到的泡沫体积。

任务实施

课前任务

一、仪器与试剂

罗氏泡沫仪（由分液漏斗、计量管、夹套量筒及支架部分组成）、量筒（500mL）、容量瓶（1000mL）、恒温水浴［带有循环水泵，可控制水温保持（50.0±0.5）℃］。

表面活性剂（脂肪醇醚硫酸钠，工业级），氯化钙分析纯。

二、实验步骤

1. 仪器的清洗

彻底清洗仪器是实验成功的关键，实验前应尽可能用铬酸洗液将所有玻璃器皿清洗干净。

2. 仪器的安装

将恒温水浴的出水管和夹套量筒夹套的进水管用橡皮管连接，同时连接水浴的进水管和夹套量筒夹套的出水管，并设置恒温水浴温度在（50.0±0.5）℃。安装分液漏斗，通过支架调试，让量筒和计量管的轴线在一条线上，并使计量管的下端位于量筒内 50mL 溶液的水平面上 450mm 标线处。

3. 待测样品溶液的配制

将待测样品配制成其工作浓度，或其产品标准中规定的实验浓度。先把溶液先调制成浆，再用已预热至 50℃ 的水溶解。在不搅拌的情况下，缓慢地混合溶液，以防止形成泡沫，保持溶液温度在（50.0℃±0.5）℃，直到实验进行。稀释水用 3mmol/L 钙离子（Ca^{2+}）硬水。在测量时，溶液的时效为 0.5～2h。

4. 灌装仪器

沿着夹套量筒内壁将配制的溶液倒入至刻度线 50mL 处，在此过程中不能在表面形成泡沫，也可用灌装分液漏斗的曲颈漏斗来灌装。

5. 测量

打开旋塞让溶液均匀流下，当液平面下降到 150mm 刻度处，记下流出所用的时间。当流出时间与观测的流出时间算术平均值之差大于 5％时，所有测量应重做，这表明在计量管或旋塞中有气泡。在溶液停止流动后 30s、3min 和 5min，分别测量泡沫体积（仅泡沫），共测量三次。

如果泡沫的上面中心处有低洼，按中心和边缘之间的算术平均值记录读数。

进行重复测量时，每次都要配制新鲜溶液，取得至少 3 次误差在允许范围（差值不大于 15mL）内的实验结果。

三、实验操作综合描述

请根据上述实验步骤描述，设计实验操作流程示意图，展示整个实验操作的指导图示。

课堂任务

一、数据记录与结果计算

表面活性剂发泡力的测定数据记录见表 1-11。

表 1-11　表面活性剂发泡力的测定

实验温度			溶液浓度	
试样名称	试样 1	试样 2	试样 3	平均值
30s 泡沫体积 V/mL				
3min 泡沫体积 V/mL				
5min 泡沫体积 V/mL				

二、任务评价

任务评价见表1-12。

表 1-12　任务评价

评价项目	评价标准	评价方式			权重	得分小计	总分
		自我评价	小组评价	教师评价			
		10	20	70			
课前学习	1. 对本节内容进行课前预习，了解基本的学习内容知识。 2. 完成相关的知识点内容填写				30		
职业素质	1. 遵守实验室管理规定，严格操作程序。 2. 按时完成学习任务。 3. 学习积极主动、勤学好问				10		
专业能力	1. 掌握表面活性剂发泡力测定的标准方法。 2. 能正确、规范地进行实验操作。 3. 实验结果准确，且精确度高				50		
协作能力	在团队中所起的作用，团队合作的意识				10		
教师综合评价							

课后任务

一、思考练习

1. 本实验中对仪器的清洗有何要求？如何清洗仪器？

2. 实验用水有什么要求？

二、综合拓展

请查找其他的发泡力测试方法（标准），并做比较。

任务五　表面活性剂的定性分析

教学目标

1. 知道表面活性剂类型鉴别的意义和方法；
2. 能够鉴别表面活性剂类型。

任务介绍（任务描述）

表面活性剂品种繁多，不同类型的表面活性剂对配方的影响各不相同。对未知的表面活性剂，快速、简便、有效地确定其离子型，即确定阴离子、阳离子、非离子及两性表面活性剂是非常必要的。

任务解析

表面活性剂离子型的检测方法很多，例如可以利用气相色谱、薄层色谱等仪器进行分析，此类方法准确性高，但分析成本高，对分析人员技术要求也高。也有检测方法是以对抗反应及其变化形式为基础的。例如，阴离子型表面活性剂在适宜的条件下能与带正电荷的试剂反应，一般可表示为：

$$RM + RX \longrightarrow R—R + MX$$

式中　RM——阴离子型表面活性剂；

　　　R——带负电荷的离子；

　　　M——H、Na、K 等；

　　　RX——碱性染料，也可以是阳离子型表面活性剂。

产物 R—R 一般不溶于水，但能溶于有机溶剂，通常采用的亚甲基蓝染料转移实验就是建立在这一反应基础上的。此外，某些染料络合物的色泽变化也可用于检测表面活性剂。本任务主要介绍泡沫特征实验、混合指示剂颜色反应等方法。

任务实施

课前任务
方法一：亚甲基蓝-氯仿法
一、仪器与试剂

试管、量筒。

氯仿（分析纯）、阴离子表面活性剂溶液（配制 0.05％磺化琥珀酸酯钠盐溶液）、亚甲基蓝溶液（亚甲基蓝 0.03g、浓硫酸 12g 及无水硫酸钠 50g，溶解于蒸馏水，稀释至 1000mL）。

二、实验步骤

（1）在 25mL 具塞试管中加入 8mL 亚甲基蓝溶液和 5mL 氯仿。

（2）逐滴加入 0.05％阴离子表面活性剂溶液，每加 1 滴，盖上塞子并剧烈摇动使之分层。

（3）继续滴加，直至上下两层呈现同一深度的色调（一般需滴加 10～12 滴阴离子表面活性剂溶液）。

（4）加入 2mL 0.1％的表面活性剂试样溶液，再次摇动，静置令其分层。

（5）现象判断见表 1-13。

表 1-13 现象判断（方法一）

现象	结论
氯仿层色泽变深,而水层几乎无色	存在阴离子型表面活性剂
水层色泽变深	存在阳离子型表面活性剂
两层色泽大致相同,且水层呈乳液状	存在非离子型表面活性剂

注意：如对实验现象有疑问，可先用 2mL 水代替表面活性剂试样做对照实验；无机物（硅酸盐、磷酸盐等）对本实验无干扰。

三、实验操作综合描述

请根据上述实验步骤描述，设计实验操作流程示意图，展示整个实验操作的指导图示。

方法二：混合指示剂法

一、仪器与试剂

试管、量筒。

溴化底米镓(3,8-二氨基-5-甲基-6-苯基溴化菲啶盐)-二硫化蓝混合指示剂溶液（吸取该溶液 10mL，置于 250mL 容量瓶中，加入 100mL 水及 10mL 2.5mol/L 的硫酸溶液，并用水稀释至刻度）、氯仿（分析纯）。

二、实验步骤

（1）取少量表面活性剂试样（或乙醇萃取的活性物）置于有塞试管中，加入 8mL 水溶解。

（2）加入混合指示剂 8mL，氯仿 8mL，充分摇动，然后静置让其分层，观察现象。

（3）现象判断见表 1-14。

表 1-14 现象判断（方法二）

实验现象	实验结论
氯仿层中呈现粉红色	有阴离子表面活性剂
氯仿层显蓝色	有阳离子表面活性剂
两相难以分开,且有乳状液形成	有非离子表面活性剂

三、实验操作综合描述

请根据上述实验步骤描述，设计实验操作流程示意图，展示整个实验操作的指导图示。

课堂任务

一、数据记录与结果计算

亚甲基蓝-新方法实验现象与结果判断：实验现象＿＿＿＿＿＿＿＿＿＿，实验结论＿＿＿＿＿＿＿＿＿＿。

混合指示剂法实验现象与结果判断：实验现象＿＿＿＿＿＿＿＿＿＿；实验结论＿＿＿＿＿＿＿＿＿＿。

二、任务评价

任务评价见表 1-15。

表 1-15 任务评价

评价项目	评价标准	评价方式			权重	得分小计	总分
		自我评价	小组评价	教师评价			
		10	20	70			
课前学习	1. 对本节内容进行课前预习,了解基本的学习内容知识。 2. 完成相关的知识点内容填写				30		

评价项目	评价标准	评价方式			权重	得分小计	总分
		自我评价	小组评价	教师评价			
		10	20	70			
职业素质	1. 遵守实验室管理规定,严格操作程序。 2. 按时完成学习任务。 3. 学习积极主动、勤学好问				10		
专业能力	1. 掌握表面活性剂定性分析的方法。 2. 能正确、规范地进行实验操作。 3. 实验结果准确				50		
协作能力	在团队中所起的作用,团队合作的意识				10		
教师综合评价							

课后任务

一、思考练习

1. 查找相关资料,整理泡沫特征法定性分析表面活性剂的方法。

2. 查找相关资料,整理溴酚蓝试剂定性分析表面活性剂的方法。

二、综合拓展

归纳可以定性检测表面活性剂的方法。

任务六 阴离子表面活性剂的定量分析

教学目标

1. 知道阴离子表面活性剂定量分析的意义和方法；
2. 能够定量分析阴离子表面活性剂；
3. 学会计算阴离子表面活性剂中活性物质的含量。

任务介绍（任务描述）

定量分析是以测定物质中各成分的含量为主要目标，根据所用方法的不同，分为重量分析、容量分析和仪器分析三类。在表面活性剂的定量分析法中，一般以阴离子表面活性剂中活性物质的含量表示阴离子表面活性剂的含量，因活性物质含量的多少直接关系到其产品等级的高低，所以定量分析表面活性剂含量，对化工产品的配方、成本控制具有一定的参考价值。

任务解析

检测阴离子表面活性剂含量的方法有很多，本实验采用直接两相滴定法。在水和三氯甲烷的两相介质中，在酸性混合指示剂存在下，用阳离子表面活性剂氯化苄苏镓滴定，测定阴离子活性物的含量。

任务实施

课前任务

一、仪器与试剂

分析天平、具塞玻璃量筒（100mL）、两用滴定管（25mL）、容量瓶（1000mL）、移液管（25mL）、烧杯（250mL）。

三氯甲烷、硫酸溶液（2.5mol/L）、硫酸标准溶液（1mol/L）、氢氧化钠标准溶液（0.5mol/L）、月桂基硫酸钠标准溶液（0.004mol/L）、氯化苄苏镓标准溶液（0.004mol/L）、酚酞溶液（10g/L）、混合指示剂。

二、实验步骤

（1）称取含有 3～5mmol 阴离子活性物的试样 m（精确至 0.001g），放入 250mL 烧杯内，加水溶解，然后加入数滴酚酞溶液，并按需要用氢氧化钠溶液或硫酸溶液中和到呈淡粉红色。然后定量转移至 1000mL 的容量瓶中，用水定容。

（2）分别向具塞量筒中加入 25mL 试样溶液、10mL 水、15mL 三氯甲烷和 10mL 酸性混合指示剂溶液，混合均匀。开始滴定时每次加入约 2mL 滴定溶液，塞上塞子，充分振荡摇动，然后静置分层，下层呈粉红色。继续滴定，当接近滴定终点时，改为逐滴滴定，并充分振荡摇动。当下层的粉红色完全褪去，变成淡灰蓝色时，即到达终点，记录消耗的滴定液的体积 V。

三、实验操作综合描述

请根据上述实验步骤描述，设计实验操作流程示意图，展示整个实验操作的指导图示。

课堂任务

一、数据记录与结果计算

阴离子表面活性剂活性物含量的测定数据记录见表 1-16。

表 1-16　阴离子表面活性剂活性物含量的测定

项目	试样 1	试样 2
试样质量 m/g		
氯化苄苏鎓溶液的浓度 c/(mol/L)		
滴定时所耗用的氯化苄苏鎓溶液体积 V/mL		
阴离子活性物的质量分数 w/%		
平均值/%		
极差/%		
极差与平均值之比/%		

结果计算：

阴离子活性物的质量分数 w 按下式计算：

$$w = \frac{4VcM_r}{m} \times 100\%$$

式中　m——试样质量，g；

　　　M_r——阴离子活性物的平均摩尔质量，g/mol；

　　　c——氯化苄苏鎓溶液的浓度，mol/L；

　　　V——滴定时所耗用的氯化苄苏鎓溶液体积，mL。

对同一样品，由同一分析者用同一仪器，两次相继测定结果之差应不超过平均值的 1.5%。对同一样品，在两个不同的实验室中，所得结果之差不超过平均值的 3%。

二、任务评价

任务评价见表 1-17。

表 1-17　任务评价

评价项目	评价标准	评价方式			权重	得分小计	总分
		自我评价	小组评价	教师评价			
		10	20	70			
课前学习	1. 对本节内容进行课前预习，了解基本的学习内容知识。 2. 完成相关的知识点内容填写				30		

评价项目	评价标准	评价方式			权重	得分小计	总分
		自我评价	小组评价	教师评价			
		10	20	70			
职业素质	1. 遵守实验室管理规定,严格操作程序。 2. 按时完成学习任务。 3. 学习积极主动、勤学好问				10		
专业能力	1. 会直接两相滴定法测阴离子表面活性剂的含量。 2. 能正确、规范地进行实验操作。 3. 实验结果准确,且精确度高				50		
协作能力	在团队中所起的作用,团队合作的意识				10		
教师综合评价							

课后任务

一、思考练习

加入酚酞指示剂后,如何调节溶液刚好呈粉红色?

二、综合拓展

除了直接两相滴定法,你还知道哪些方法可以检测阴离子表面活性剂的含量?

相关知识

常见阴离子表面活性剂的含量见表 1-18。

表 1-18　常见阴离子表面活性剂的含量

品种	含量/%
脂肪酸钾皂	30.0～35.0
脂肪醇聚氧乙烯醚硫酸钠	70.0±2.0
十二烷基苯磺酸及其钠盐	85.0～95.0

任务七　阳离子表面活性剂的定量分析

教学目标

1. 知道阳离子表面活性剂定量分析的意义和方法；
2. 能够定量分析阳离子表面活性剂；
3. 学会计算阳离子表面活性剂中活性物质的含量。

任务介绍（任务描述）

在定量分析中，因分析试样用量和被测成分的不同，可分为常量分析、半微量分析、微量分析、超微量分析等。在阳离子表面活性剂定量分析中，一般以阳离子表面活性剂中活性物质的含量表示阳离子表面活性剂的含量。与阴离子表面活性剂一样，阳离子活性物质含量的多少也直接关系到其产品等级的高低。因此，定量分析对化工产品的配方、成本控制具有一定的参考价值。

任务解析

本任务采用直接两相滴定法测定。该方法适用于分析长链季铵化合物、月桂胺盐和咪唑啉盐等阳离子活性物，也适用于水溶性的固体活性物或活性物水溶液，但不适用于有阴离子或两性离子表面活性剂存在的试样。若其含量以质量分数表示，则阳离子活性物的分子量必须已知，或预先测定，参考 GB/T 5174—2004。

任务实施

课前任务

一、仪器与试剂

分析天平、具塞玻璃量筒（100mL）、两用滴定管（25mL）、容量瓶

（1000mL）、移液管（25mL）。

三氯甲烷、异丙醇、月桂基硫酸钠标准溶液（0.004mol/L）、酸性混合指示剂溶液。

二、实验步骤

1. 实验质量的确定

称取含 0.002～0.004mol 阳离子活性物的试样，记下质量 m，精确至 0.001g。

2. 测定

对低分子量（200～500）的样品用水溶解试样，定容至 1000mL 的容量瓶中（试液 A）。

对分子量中等（500～700）的样品，溶解于 20mL 异丙醇中（必要时加热），加水约 50mL，搅拌溶解，定容至 1000mL 的容量瓶中，混合均匀（试液 A）。

对高分子量（>700）样品，用 1:1 异丙醇水溶液溶解（必要时加热溶解），转移至 1000mL 容量瓶中，用 1:1 异丙醇水溶液定容，混合均匀（试液 A）。

分别向具塞量筒中加入 25mL 试样溶液、10mL 水、15mL 三氯甲烷和 10mL 酸性混合指示剂溶液，混合均匀。开始滴定时每次加入约 2mL 滴定溶液，塞上塞子，充分振荡摇动，然后静置分层，下层呈粉红色。继续滴定，当接近滴定终点时，改为逐滴滴定，并充分振荡摇动。当下层的蓝色完全褪去，变成浅灰-粉红色时，即到达终点，记录消耗的滴定液的体积 V。

三、实验操作综合描述

请根据上述实验步骤描述，设计实验操作流程示意图，展示整个实验操作的指导图示。

课堂任务

一、数据记录与结果计算

阳离子表面活性剂含量的测定数据记录见表 1-19。

表 1-19　阳离子表面活性剂含量的测定

项目	试样 1	试样 2
试样质量 m/g		
月桂基硫酸钠标准溶液的浓度 c/(mol/L)		
耗用月桂基硫酸钠标准溶液的体积 V/mL		
阳离子活性物的质量分数 w/%		
平均值/%		
极差/%		
极差与平均值之比/%		

阳离子活性物的质量分数 w 按下式计算：

$$w = \frac{4VcM_r}{m} \times 100\%$$

式中　m——试样质量，g；

　　　M_r——阳离子活性物的平均摩尔质量，g/mol；

　　　V——耗用月桂基硫酸钠标准溶液的体积，mL；

　　　c——月桂基硫酸钠标准滴定溶液的浓度，mol/L。

对同一样品，由同一分析者用同一仪器，两次相继测定结果之差应不超过平均值的 1.5%。对同一样品，在两个不同的实验室中，所得结果之差不超过平均值的 3%。

二、任务评价

任务评价见表 1-20。

表 1-20　任务评价

评价项目	评价标准	评价方式			权重	得分小计	总分
		自我评价	小组评价	教师评价			
		10	20	70			
课前学习	1. 对本节内容进行课前预习，了解基本的学习内容知识。 2. 完成相关的知识点内容填写				30		

评价项目	评价标准	评价方式			权重	得分小计	总分
		自我评价	小组评价	教师评价			
		10	20	70			
职业素质	1. 遵守实验室管理规定,严格操作程序。 2. 按时完成学习任务。 3. 学习积极主动、勤学好问				10		
专业能力	1. 知道直接两相滴定法测阳离子表面活性剂的含量的方法。 2. 能正确、规范地进行实验操作。 3. 实验结果准确,且精确度高				50		
协作能力	在团队中所起的作用,团队合作的意识				10		
教师综合评价							

课后任务

一、思考练习

1. 本方法测定阳离子表面活性剂含量的前提条件是什么?

2. 直接两相滴定法的适用条件是什么?

二、综合拓展

除了直接两相滴定法，你还知道哪些方法可以检测阳离子表面活性剂的含量？

相关知识

常见阳离子表面活性剂含量见表 1-21。

表 1-21　常见阳离子表面活性剂含量

品种	含量/%
十八烷基二甲基苄基氯化铵(1827)	≥90
十二烷基三甲基溴化铵(1231)	50±2.0
十二烷基二甲基苄基氯化铵(1227)（无色液体）	≥44
十六烷基三甲基溴化铵(1631)	70±2.0

项目二　化妆品的分析技术

项目导学

改革开放 40 年来我国化妆品市场销售额平均以每年 23.8％ 的速度增长，最高的年份达 41％，增长速度远远高于国民经济的平均增长速度，具有相当大的发展潜力。目前，我国已成为全球最大的化妆品市场之一，化妆品年销售额达 2000 多亿元，约占全球化妆品市场的 15.45％，仅次于美国。据了解，面对蓬勃发展的市场需求，化妆品行业的质量控制、监管以及消费者对化妆品市场的认知成为社会各界关注的焦点。

学习目标

认知目标

1. 知道化妆品检验中感官指标检验的意义和方法，可以评价和审核企业的产品质量；

2. 知道 pH 值的测定是化妆品的一个常规检测项目；

3. 认识黏度的定义和特性，知道黏度的测定是化妆品的一个常规检测项目，可以衡量产品质量的好坏；

4. 知道相对密度的测定是化妆品的一个常规检测项目；

5. 知道化妆品稳定性测试的三项检测：耐热试验、耐寒试验和离心试验。

情感目标

1. 满足学生的求知欲和好奇心，培养学生对日化品检验技术的兴趣；

2. 通过学习，使学生在检验中获得成功的体验，增强自我学习的信心；

 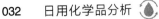

3. 使学生形成良好的学习习惯，培养学生科学严谨的实验态度；

4. 培养学生小组合作的团队精神。

技能目标

1. 能够对雪花膏的色泽、香型、外观等三项指标进行检验，学会独立完成感官指标检测全过程；

2. 能够熟练使用 pH 试纸和 pH 计，学会独立完成 pH 值的检测全过程；

3. 能够熟练使用旋转黏度计，学会独立完成黏度的检测全过程；

4. 学会独立完成相对密度的检测全过程；

5. 能够熟练进行耐热试验、耐寒试验和离心试验三项检测，并准确判断结果，能够独立完成稳定性测试的全过程。

知识准备

化妆品的种类繁多，与我们的生活息息相关。一般来讲，化妆品可分为护肤化妆品、美容化妆品、发用化妆品和专用化妆品等。作为一种特殊的商品，化妆品的质量特征离不开产品的安全性（确保长期使用的安全）、稳定性（确保长期的稳定）、有效性（有助于保持皮肤正常的生理功能和容光焕发的效果）和适用性（使用舒适，使人乐于使用）。本项目学习化妆品生产过程中质量控制相关的物化指标的检验方法，主要包括：感观指标、pH 值、黏度、密度和稳定性。

物化指标是化妆品原料和成品的常规检验指标，是企业生产控制过程的重要指标，也是消费者对化妆品最直接、最表观的感觉。检测仪器主要有常见的 pH 计、黏度计、密度计、恒温箱和离心机等。

任务一　护手霜感官指标检验

教学目标

1. 知道化妆品检验中感官指标检验的意义和方法；

2. 能够对护手霜进行色泽、香型、外观等指标进行检验；

3. 学会独立完成感官指标检验全过程。

（任务描述）

感官检验又称"官能检验"，是以人的感觉为基础，通过眼、鼻、耳的辨别力对产品进行质量检验。感官检验方法有以下优点：①通过对感官性状的综合性检查，可以及时、准确地检测出化妆品质量有无异常，便于及早发现问题并进行处理，避免对人造成危害；②方法直观，手段简便，不需要借助任何仪器设备，有时可用照片或者标准板作比较。但感官检验需建立在对产品的生产过程和质量要求比较了解后，才能准确而迅速地鉴别出来。

任务解析

感官指标检验是根据人的感觉器官对化妆品的各种质量特征的"感觉"，如嗅觉、视觉、触觉等，从而得出结论，对化妆品的色、香、味、形、质地等各项指标作出评价。化妆品本身的色泽、香型和外观都有很严格的要求，色泽变深或者有斑点，是化妆品质变的表现，一般颜色的变化是由霉菌和细菌引起的，细菌的菌落、酵母、霉菌的孢子一般会呈现颜色。化妆品的香气要纯正，无异味，符合规定香型。外观的要求因不同种类的产品而要求不同：水剂类一般要清晰透明、无杂质；乳剂类要求均匀、无沉淀；膏状类应膏体细腻、均匀、无杂质、无粗颗粒；粉状类要求颗粒细小、均匀、滑爽、不结块。

任务实施

课前任务

一、仪器与试剂

无仪器与试剂，本任务通过检验员的眼、鼻、耳的辨别力对产品进行质量检验。

二、实验步骤

1. 色泽

取一瓶护手霜，在室内无阳光直射处进行目视观察，色泽应符合规定的颜色。如果色泽变深或间隔有深色斑点，说明发生了质变。护手霜霜体颜色变化一般是由霉菌和细菌引起的。

2. 香型

取一瓶护手霜，打开盖子，用嗅觉鉴定香型。香气应纯正、无异味，符合规定的香型。

3. 外观

取一瓶护手霜，在室内无阳光直射处进行目视观察，护手霜应膏体细腻、均匀、无杂质、无粗颗粒。

4. 结果记录

三、实验操作综合描述

请根据上述实验步骤描述，设计实验操作流程示意图，展示整个实验操作的指导图示。

课堂任务

一、数据记录与结果计算

护手霜感官指标检验数据记录见表 2-1。

表 2-1　护手霜感官指标检验

检验项目	指标	检验结果
色泽	符合规定颜色,颜色均匀、无黑点	
香型	符合规定香型	
外观	膏体细腻、均匀、无杂质、无粗颗粒	

二、任务评价

任务评价见表2-2。

表2-2　任务评价

评价项目	评价标准	评价方式			权重	得分小计	总分
		自我评价	小组评价	教师评价			
		10	20	70			
课前学习	1. 对本任务进行课前预习,了解基本的学习内容知识。 2. 完成相关的知识点内容填写				30		
职业素质	1. 遵守实验室管理规定,严格操作程序。 2. 按时完成学习任务。 3. 学习积极主动、勤学好问				10		
专业能力	1. 知道感官指标检验的标准方法。 2. 能正确、规范地进行实验操作。 3. 实验结果准确,且精确度高				50		
协作能力	在团队中所起的作用,团队合作的意识				10		
教师综合评价							

课后任务

一、思考练习

1. 大多数情况下,感官检验的结果能否给出产品质量优劣程度的确切指标?

2. 如果你现在购买一瓶爽肤水,你如何对其进行感官指标检验呢?

二、综合拓展

归纳常见化妆品的感官质量问题及原因。

任务二　沐浴露 pH 值的测定

教学目标

1. 知道 pH 值的测定是化妆品的一个常规检测项目，可以评价和审核企业的产品质量；
2. 能够熟练使用 pH 试纸和 pH 计；
3. 学会独立完成 pH 值的检测全过程。

任务介绍（任务描述）

人体分泌出来的皮脂膜呈弱酸性，最佳 pH 值在 4.5～6，弱酸性环境有利于益生菌生长，维持皮肤的菌群平衡，保护皮肤以抵御外界刺激侵袭。一款好的沐浴露在清洁肌肤的同时，应当为肌肤保持酸碱度平衡。

一般健康皮肤的 pH 值为 5.0～5.6，所以护肤品也是以弱酸性为佳，以适宜皮肤的酸碱度。而洁面乳之类，往往有些是弱碱性的，可以带走多余的油脂，比较适合混合皮肤和油性皮肤使用。

对于洗发用品，由于人体毛发 pH 值为 6.0 左右，碱性溶液能够使毛发发生变质和脆化，所以洗发用品只能为微酸性或中性。

因此，pH 值是化妆品的一项重要性能指标。

任务解析

测量溶液的 pH 值有很多方法：

1. 使用酸碱指示剂

在待测溶液中加入 pH 指示剂，不同的指示剂在不同的 pH 值下会改变颜色，根据指示剂的研究结果就可以确定 pH 值的范围。滴定时，可以作为精确的 pH 标准。

2. 使用 pH 试纸

pH 试纸有广泛试纸和精密试纸，用玻棒蘸一点待测溶液到试纸上，然后根据试纸的颜色变化，并对照比色卡可以得到溶液的 pH 值。pH 试纸不能够显示出油分的 pH 值。因为 pH 试纸以氢离子制成和以氢离子来量度待测溶液的 pH 值，油中不含有氢离子，所以 pH 试纸不能够显示出油分的 pH 值。

3. 使用 pH 计

pH 计是一种测量溶液 pH 值的仪器，它通过 pH 选择电极（如玻璃电极）来测量出溶液的 pH 值。pH 计可以精确到小数点后两位。

任务实施

课前任务

一、仪器与试剂

实验一：使用酸碱指示剂

常用的酸碱指示剂见表 2-3。

表 2-3　常用的酸碱指示剂

名称	变色 pH 值范围	颜色变化	配制方法
百里酚蓝	1.2～2.8 8.0～9.6	红→黄 黄→蓝	0.1g 百里酚蓝指示剂与 4.3mL 0.05mol/L NaOH 溶液一起研磨均匀，加水稀释成 100mL
甲基橙	3.1～4.4	红→黄	将 0.1g 甲基橙溶于 100mL 热水中
溴酚蓝	3.0～4.6	黄→紫蓝	0.1g 溴酚蓝与 3mL 0.05mol/L NaOH 溶液一起研磨均匀，加水稀释成 100mL
溴甲酚绿	3.8～5.4	黄→蓝	0.1g 溴甲酚绿指示剂用 100mL 无水乙醇溶解
甲基红	4.8～6.0	红→黄	将 0.1g 甲基红溶于 60mL 乙醇中，加水至 100mL
中性红	6.8～8.0	红→黄橙	将 0.5g 中性红溶于 90mL 乙醇中，加水至 100mL
酚酞	8.2～10.0	无色→淡红	将 1g 酚酞溶于 90mL 乙醇中，加水至 100mL
百里酚酞	9.4～10.6	无色→蓝	将 0.1g 百里酚酞指示剂溶于 90mL 乙醇中，加水至 100mL
茜素黄	10.1～12.1	黄→紫	将 0.1g 茜素黄溶于 100mL 水中
甲基红-溴甲酚绿	5.1	红→绿	3 份 0.1% 溴甲酚绿乙醇溶液与 1 份 0.1% 甲基红乙醇溶液混合
百里酚酞-茜素黄 R	10.2	黄→紫	将 0.1g 茜素黄和 0.2g 百里酚酞溶于 100mL 乙醇中
甲酚红-百里酚蓝	8.3	黄→紫	1 份 0.1% 甲酚红钠盐水溶液与 3 份 0.1% 百里酚蓝钠盐水溶液混合
甲基黄	2.9～4.0	红→黄	0.1g 甲基黄指示剂溶于 100mL 90% 乙醇中
苯酚红	6.8～8.4	黄→红	0.1g 苯酚红溶于 100mL 60% 乙醇中

实验二：使用 pH 试纸

广泛 pH 试纸和精密 pH 试纸。

实验三：使用 pH 计

pH 计（最小刻度 0.01pH 单位）、玻璃电极、甘汞电极（或者复合电极）、磁力搅拌器、分析天平（感量 0.0001g）、100mL 容量瓶、烧杯（150mL）、温度计（0～100℃）、标准缓冲溶液（从常用的标准缓冲溶液中选取两种以校准电位计，它们的 pH 值应尽可能接近试样溶液预期的 pH 值，其中一种和预期值相差不得超过 1pH 单位）。

二、实验步骤

称取试样一份（精确至 0.1g），分数次加入蒸馏水 10 份，并不断搅拌，加热至 40℃，使其完全溶解，冷却至（25±1）℃或室温，待用。如为含油量较高的产品，可加热至 70～80℃，冷却后去掉油块待用，粉状产品可沉淀过滤后待用。实验一和实验二均较为简单，此处主要介绍实验三。

1. 开机前准备

（1）取下复合电极套。

（2）用蒸馏水清洗电极，用滤纸吸干。

2. 开机

按下电源开关，预热 30min（短时间测量时，一般预热不短于 5min；长时间测量时，最好预热在 20min 以上，以便使其有较好的稳定性）。

3. 校准

（1）拔下电路插头，接上复合电极。

（2）把选择开关旋钮调到 pH 挡。

（3）调节温度补偿旋钮白线对准溶液温度值。

（4）斜率调节旋钮顺时针旋到底（最大）。

（5）把清洗过的电极插入第一种标准缓冲溶液（pH＝6.86）中，调节定位调节旋钮，使仪器读数与该缓冲溶液当时温度下的 pH 值相一致。

（6）把清洗过的电极插入另外一个标准缓冲溶液（pH＝4.00，或者 pH＝9.22）中，调节定位调节旋钮，使仪器读数与该缓冲溶液当时温度下的 pH 值相一致。

（7）重复第一种标准缓冲溶液的测定。若此时仪表显示的 pH 值与标准值在误差允许范围内，即已完成校准，否则需重复上述操作。

4. 测定溶液 pH 值

（1）取一滴沐浴露，用蒸馏水溶解，置于 50mL 烧杯中，搅匀，备用。

（2）电极先用蒸馏水清洗干净，再用滤纸吸干。

（3）用玻璃棒搅拌溶液，使溶液均匀，把电极浸入被测溶液中，读出其pH值。

5. 实验结束

（1）用蒸馏水清洗电极，用滤纸吸干。

（2）套上复合电极套，套内应放少量补充液（KCl饱和溶液）。

（3）拔下复合电极，接上短接线，以防止灰尘进入，影响测量准确性。

（4）关机。

三、实验操作综合描述

请根据实验三的步骤描述，设计实验操作流程示意图，展示整个实验操作的指导图示。

课堂任务

一、数据记录与结果计算

沐浴露 pH 值的测定数据记录见表 2-4。

表 2-4　沐浴露 pH 值的测定数据记录

测定次数	1	2
水样温度/℃		
沐浴露 pH 值		
测定结果的平均值		
平行测定结果的绝对值		

二、任务评价

任务评价见表 2-5。

表 2-5　任务评价

评价项目	评价标准	评价方式			权重	得分小计	总分
		自我评价	小组评价	教师评价			
		10	20	70			
课前学习	1. 对本任务内容进行课前预习，了解基本的学习内容知识。 2. 完成相关的知识点内容填写				30		
职业素质	1. 遵守实验室管理规定，严格操作程序。 2. 按时完成学习任务。 3. 学习积极主动、勤学好问				10		
专业能力	1. 知道化妆品 pH 测定的标准方法。 2. 能正确、规范地进行实验操作。 3. 实验结果准确，且精确度高				50		
协作能力	在团队中所起的作用，团队合作的意识				10		
教师综合评价							

课后任务

一、思考练习

1. pH 计的电极需多久校准一次？

2. 如何配制标准缓冲溶液？

二、综合拓展

1. 请查阅常见化妆品（雪花膏、润肤乳液、洗面奶、护发素等）的 pH 值国家标准。

2. 电极是酸度计中最易损坏的部分，若能规范使用并正确维护，一支电极应能使用 1 年或更长时间，保护好电极就是保护好酸度计。我们在平时使用和保存电极时有哪些注意事项？

相关知识

pH 计的工作原理与结构：pH 计是测量和反映溶液酸碱度的重要工具，pH 计的型号和产品多种多样，显示方式也有指针显示和数字显示两种可选。但是不论 pH 计的类型如何变化，它的工作原理都是相同的，其主体是一个精密的电位计，利用 pH 复合电极对被测溶液中氢离子浓度产生不同的直流电位，通过前置放大器输入到 A/D 转换器，以达到 pH 测量的目的，最后由数字或指针显示 pH 值。

测定原理：pH 计是以电位测定法来测量溶液 pH 值的，因此 pH 计的工作方式，除了能测量溶液的 pH 值以外，还可以测量电池的电动势。pH 是拉丁文 pondus hydrogenii 的缩写，是物质中氢离子的活度，pH 值则是氢离子浓度对数的负数。

pH 计的主要测量部件是玻璃电极和参比电极，玻璃电极对 pH 敏感，而参比电极的电位稳定。将 pH 计的这两个电极一起放入同一溶液中，就构成了一个原电池，而这个原电池的电位，就是玻璃电极和参比电极电位的代数和。

pH 计的参比电极电位稳定，那么在温度保持稳定的情况下，溶液和电极所组成的原电池的电位变化，只和玻璃电极的电位有关，而玻璃电极的电位取决于待测溶液的 pH 值，因此通过对电位变化的测量，就可以得出溶液的 pH 值。

pH 计的结构包括复合电极和电流计，复合电极也就是我们所说的指示电极和参比电极，一般来说，pH 计的指示电极都是玻璃电极。玻璃电极对溶液内的氢离子敏感，以氢离子的变化而反映出电位差。参比电极的作用是提供恒定的电位，作为偏离电位的参照。

pH 计的部件中，电流计用于测量整体电位，它能在电阻极大的电路中捕捉到微小的电位变化，并将这个变化通过电流计表现出来。为了方便读数，pH 计都有显示功能，就是将电流计的输出信号转换成 pH 读数。

雷磁 PHS-3C pH 计见图 2-1，pH 计测定示意见图 2-2。

图 2-1　雷磁 PHS-3C pH 计

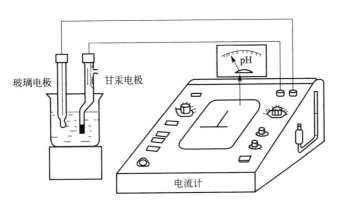

图 2-2　pH 计测定示意

任务三　洗发水黏度的测定

教学目标

1. 认识黏度的定义和特性，知道黏度的测定是化妆品的一个常规检测项目，可以衡量产品质量的好坏；

2. 能够熟练使用旋转黏度计；

3. 学会独立完成黏度的检测全过程。

任务介绍（任务描述）

流体受外力作用流动时，在其分子间呈现的阻力称为黏度（或称黏性）。流体的黏度主要是相邻层流体层间以不同的速度运动时，层与层之间产生的摩擦造成的。因此，黏度较高的物质相对不容易流动，而黏度较低的物质相对容易流动。黏度是流体的一个重要物理特性，是膏霜类和乳液类化妆品的重要质量指标之一。化妆品的黏度一般用旋转黏度计测定。

任务解析

旋转黏度计适合测定油脂、油漆、塑料、食品、药物、化妆品、胶黏品等各种流体的黏度。

测定原理：因为液体存在黏滞性，从而带动圆柱转动，直到圆柱的转矩与弹簧力相平衡而停止转动，这时候圆筒旋转了一定的角度 θ。平衡时，液体的剪切作用也达到了稳定状态，再通过圆柱的转矩和圆筒的转速便可以通过公式计算环缝中各位置上的剪切力和剪切速率。

本任务要求使用 NDJ-1 旋转黏度计，选用合适的转子，测定特定温度下液体的旋转黏度。

任务实施

课前任务

一、仪器

旋转黏度计 NDJ-1、烧杯（150mL，或直径不小于 70mm 的圆筒形容器）、温度计（0~100℃）。

二、实验步骤

（1）取适量的洗发水倒入直径不小于 70mm 的烧杯或圆筒形容器中，注意倒的速度要缓慢，并且使洗发水沿着容器壁流动，以防止产生气泡。

（2）旋松连接螺杆下端的黄色螺钉，取下黄色包装套圈。

（3）将选好的转子旋入连接螺杆，旋转升降旋钮，使仪器缓慢下降，转子逐渐浸入容器中心的被测液体中，直至转子液面标志和液面相平。

（4）调整仪器水平，然后按下指针控制杆，转动变速旋钮，使所需转速数向上，对准速度指示点。

（5）开启电机开关，使转子在液体中旋转，并旋松指针控制杆，经过多次旋转（大约 20～30s），待指针趋于稳定，按下指针控制杆，使读数固定，再关闭电机，使指针停在读数窗内，读取读数，若电机关闭后指针不在读数窗内，可继续按住控制杆，反复开启和关闭电机，使指针落在读数窗内。

（6）重复测定一次，如数据波动不大，取平均值作为测定结果，否则重复步骤（5）、（6）。

（7）当指针所指的数值过高或过低时，可变换转速和转子，尽量使读数在 30～70 格。

（8）实验结束后应及时清洗转子，清洁后要妥善安放于转子架上，指针控制杆应用橡皮筋圈住，连接螺杆上应套入黄色包装套圈，然后用螺钉拧紧。

三、实验操作综合描述

请根据实验步骤描述，设计实验操作流程示意图，展示整个实验操作的指导图示。

课堂任务

一、数据记录与结果计算

洗发水样品黏度的结果以两次测量的平均值表示，精确度为 0.1，数据记录于表 2-6。

表 2-6　洗发水黏度的测定数据记录

洗发水的黏度测定温度		℃
测定项目	1	2
转子		
转速/(r/min)		
读数		
黏度/(mPa·s)		
黏度平均值/(mPa·s)		

二、任务评价

任务评价见表2-7。

表2-7　任务评价

评价项目	评价标准	评价方式			权重	得分小计	总分
		自我评价	小组评价	教师评价			
		10	20	70			
课前学习	1. 对本任务内容进行课前预习,了解基本的学习内容知识。 2.完成相关的知识点内容填写				30		
职业素质	1. 遵守实验室管理规定,严格操作程序。 2.按时完成学习任务。 3.学习积极主动、勤学好问				10		
专业能力	1. 知道化妆品黏度测定的标准方法。 2. 能正确、规范地进行实验操作。 3. 实验结果准确,且精确度高				50		
协作能力	在团队中所起的作用,团队合作的意识				10		
教师综合评价							

课后任务

一、思考练习

1. 转子和转速的选择应遵循什么原则?

2. 转子是否必须放在容器中心? 容器的大小对测量结果有何影响?

二、综合拓展

测定化妆品的黏度常用仪器为旋转黏度计，除此之外，你还知道其他测定黏度的方法吗？

相关知识

旋转黏度计 NDJ-1 的操作注意事项：

（1）准备被测液体，置于直径不小于 70mm 的烧杯或直筒形容器中，准确地控制被测液体的温度。

（2）将保护框架装在仪器上（向右旋入装上，向左旋出卸下）。

（3）将选配好的转子旋入连接螺杆（向左旋入装上，向右旋出卸下）。旋转升降钮，使仪器缓慢下降，转子逐渐浸入被测液体中，直至转子液面标志与液面平行为止。调整仪器水平，开启电机开关，转动变速旋钮，使所需转速向上，对准速度指示点，转子在液体中旋转。经过多次旋转，一般为 20～30s，或按规定时间，待指针趋于稳定可进行读数时按下指针控制杆，使读数固定下来，待指针转至读数窗口时关闭电机（注意：不得用力过猛；转速慢时可不利用控制杆，直接读数）。此时指针停在读数窗内，可继续按住指针控制杆，反复开启和关闭电机，经几次练习即能熟练掌握，使指针停于读数窗内，读取数据。

（4）当指针所指的数值过高或过低时，可变换转子和转速，务必使读数在刻度 30～90 为佳。

（5）量程、系数、转子及转速的选择：

① 先大约估计被测液体的黏度范围，然后根据量程表选择适当的转子和转速。如测定约 3000mPa·s 左右的液体时，可选用下列配合：2 号转子 6r/min，或 3 号转子 30r/min。

② 当估计不出被测液体的大致黏度时，应先假设为较高的黏度，试用从小体积到大体积的转子和由慢到快的转速。原则是高黏度的液体选用小体积的转子和慢的转速，低黏度的液体选用大体积的转子和快的转速。

③ 系数：测定时指针在刻度盘上指示的读数必须乘上系数表上的特定系数才为测得的动力黏度（mPa·s）。

$$\eta = K\alpha$$

式中 η——动力黏度；

    K——动力黏度系数；

    α——指针所指度数（偏转角度）。

④ 常用黏度单位换算：

      1cP(1 厘泊)＝1mPa·s(1 毫帕斯卡·秒)

      100cP(100 厘泊)＝1cP(1 泊)

      1000mPa·s(1000 毫帕斯卡·秒)＝1Pa·s(1 帕斯卡·秒)

旋转黏度计见图 2-3。

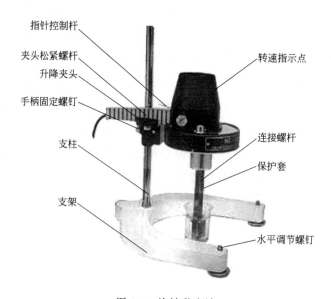

图 2-3 旋转黏度计

任务四 花露水相对密度的测定

教学目标

1. 知道相对密度的测定是化妆品的一个常规检测项目，可以衡量产品质量的稳定性；

2. 能够熟练使用密度计；

3. 学会独立完成相对密度的测定全过程。

任务介绍（任务描述）

化妆品相对密度是指 20℃时，化妆品的质量和同体积的纯水在 4℃时的质量之比，以 d_4^{20} 来表示。

化妆品的相对密度的测定方法有密度瓶法、密度计法、韦氏天平法等。我们采用密度计法测定花露水的密度。密度计法是测定液体相对密度最便捷而又实用的方法，只是准确度不如密度瓶法。

密度计是一根两头都封闭的玻璃管，中间部分较粗，内有空气，所以放在液体内可以浮起。它的末端是一个玻璃球，球内灌满铅砂，使密度计直立于液体中。圆球上部较细，管内有刻度标尺，刻度标尺的刻度愈向上愈小。

密度计的测定原理是阿基米德原理。当密度计浸入液体时，产生的浮力大小等于密度计排开液体的质量。当浮力等于密度计自身质量时，密度计处于平衡状态。密度计在平衡状态时浸没于液体的深度取决于液体的密度。液体的相对密度愈大，密度计在液体中漂浮愈高；液体的相对密度愈小，则沉没愈深。

花露水是一种具有消毒杀菌作用，涂于蚊叮、虫咬之处有止痒、消肿的功效，涂在患痱子的皮肤上能止痒而有凉爽舒适之感的卫生用品。根据 QB/T 1858.1—2006 可查，其相对密度（20℃/20℃）为 0.84～0.94。

任务解析

化妆品相对密度的测定有三种方法：密度计法（常用，图 2-4）、密度瓶法（准确，图 2-5）、韦氏天平法。本任务使用密度计法和密度瓶法测定花露水的相对密度。

任务实施

课前任务

一、仪器

密度计法：玻璃液体密度计（精度 0.001）、量筒（100mL）。

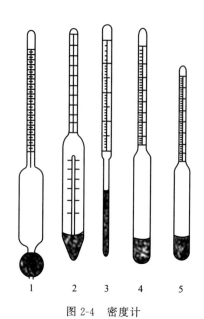

图 2-4　密度计

1—糖锤度密度计；2—附有温度计的糖锤度密度计；
3,4—波美计；5—乙醇计

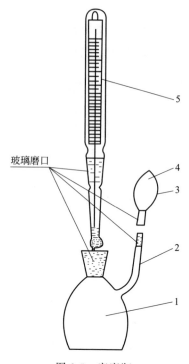

图 2-5　密度瓶

1—密度瓶主体；2—侧管；3—侧孔；
4—罩；5—温度计

密度瓶法：精密密度瓶、分析天平（感量 0.0001g）、烧杯（150mL）。

二、实验步骤

1. 密度计法

（1）把花露水置于洁净、干燥的量筒中，不得有气泡，再将依次用乙醇、乙醚擦拭干净的密度计慢慢放入花露水中。密度计要立于中央，不可与筒壁接触。

（2）待密度计稳定后，以目平视，读取密度计刻度杆与液面相切的刻度（按弯月面的上边缘从上到下读出刻度），并用温度计测量样品温度，记录数据。

2. 密度瓶法

（1）先把密度瓶洗干净，烘干并冷却后，连同温度计、侧孔罩等附件一起称量，得到质量 m_0。

（2）用新煮沸并冷却至约 20℃的蒸馏水充满密度瓶，将密度瓶置于恒温水浴中约 20min，并使侧管中的液面与侧管管口对齐，取出密度瓶，称量质量 m_1。

（3）将密度瓶水样倾出，干燥，用待测液体试样代替水，按上法操作，测出同体积 20℃的待测液体试样的质量 m_2。

计算公式如下：

$$d_{20}^{20} = \frac{m_2 - m_0}{m_1 - m_0}$$

式中　d_{20}^{20}——试样在 20℃时的相对密度；

　　　m_0——密度瓶的质量，g；

　　　m_1——密度瓶加水的质量，g；

　　　m_2——密度瓶加液体试样的质量，g。

$$d_4^{20} = d_{20}^{20} \times 0.99823$$

式中，0.99823 为 20℃时水的密度，g/cm^3。

三、实验操作综合描述

请根据实验步骤描述，设计实验操作流程示意图，展示整个实验操作的指导图示。

课堂任务

一、数据记录与结果计算

密度计法、密度瓶法测花露水相对密度的数据记录见表 2-8、表 2-9。

表 2-8　密度计法测花露水的相对密度

测定次数	1	2
花露水的相对密度		
花露水相对密度的平均值		

表 2-9 密度瓶法测花露水的相对密度

测定次数	1	2
空密度瓶的质量 m_0		
水与密度瓶的质量之和 m_1		
花露水与密度瓶的质量之和 m_2		
花露水的相对密度 d_{20}^{20}		
花露水的相对密度 d_4^{20}		
花露水的相对密度 d_4^{20} 的平均值		

二、任务评价

任务评价见表 2-10。

表 2-10 任务评价

评价项目	评价标准	评价方式			权重	得分小计	总分
		自我评价	小组评价	教师评价			
		10	20	70			
课前学习	1. 对本任务内容进行课前预习,了解基本的学习内容知识。 2. 完成相关的知识点内容填写				30		
职业素质	1. 遵守实验室管理规定,严格操作程序。 2. 按时完成学习任务。 3. 学习积极主动、勤学好问				10		
专业能力	1. 知道化妆品相对密度测定的标准方法。 2. 能正确、规范地进行实验操作。 3. 实验结果准确,且精确度高				50		
协作能力	在团队中所起的作用,团队合作的意识				10		
教师综合评价							

课后任务

一、思考练习

1. 测定液态化妆品的相对密度有何意义?

2. 使用密度计测相对密度时的注意事项有哪些？

二、综合拓展

1. 小明用密度瓶法测量花露水的相对密度时，两组数据差别很大，请问他该如何处理呢？

2. 如果待测量相对密度的物质是具有强挥发性的物质，我们应该使用什么方法来测量？

相关知识

全自动电子密度计法测密度：目前市场上有全自动电子密度计，其应用了阿基米德原理的浮力法，能快速读取固体、液体的相对密度，操作简便，准确度高，测定时间短。图 2-6 所示为全自动液体密度计。

图 2-6 全自动液体密度计

任务五　润肤乳液的稳定性测试

教学目标

1. 知道化妆品稳定性测试的三项检测，即耐热试验、耐寒试验和离心试验。

2. 能够熟练进行化妆品稳定性三项检测，并准确判断结果；

3. 学会独立完成稳定性测试的全过程。

任务介绍（任务描述）

市售化妆品必须有 2～3 年的货架寿命。乳液货架寿命可定义为乳液变坏至消费者不可接受的程度所经历的时间。市售化妆品由于分销、储存至消费者全部用完，需经历较长一段时间，一般化妆品货架寿命为 2～3 年，一些国家要求含防晒剂非处方药（OTC）的乳液，稳定性长于 5 年。由于实时货架寿命测定费时，一般化妆品公司较少进行实时货架寿命的研究，所以设计准确预示乳液货架寿命的实验是重要的。尽管目前这类方案也不少，但还是与实际有一定差距，预示乳液的稳定性测试不是一件简单的事情。

目前实验室化妆品稳定性测试一般包括耐热试验、耐寒试验和离心试验三项检测。

任务解析

乳液是热力学不稳定的体系，其寿命是有限的，预示乳液的稳定性是化妆品配方师应着重考虑的问题。为了保持产品在储存、使用过程中的性能稳定，不发生物理化学变化，不出现渗油、析水、粗粒、破乳等现象，应在化妆品配方设计时进行高温、低温储存和离心稳定性实验，这是设计化妆品配方时首先要考虑的。

实验的环境条件应尽可能模拟产品实际环境条件，甚至应比可能的实际环境条件还要严格。例如为严寒地区研制的新护肤品，除了按照国家有关标准所规定的，－15℃/24h 进行低温耐寒试验外，还要参照产品使用地区实际的情况进行更严格的耐寒试验，依据实验的结果确定原料的稳定性和配方的合理性。观察项目有外观变化（色调差别、变褪色、条纹颜色不均、混入异物、伤痕、浮游物、分离、沉淀、发汗、白粉、浮起、麻点、疏松、龟裂、胶化、透明性、结块、光泽、陷塌、裂缝、气孔、气泡混入、真菌生长等）及气味变化（直接气味变化、容器的气味混入、使用时的气味变化）。

任务实施

课前任务

一、仪器

耐热试验：电热恒温箱（0～200℃）。

耐寒试验：冰箱。

离心试验：台式离心机（最大转速10000r/min）。

二、实验步骤

耐热试验：先将电热恒温箱调节到（40±1）℃，然后取两份样品，将其中一份置于电热恒温箱内保持24h后，取出，恢复室温后与另一份样品进行比较，观察其是否有变稀、变色、分层及硬度变化等现象，以判断产品的耐热性能。

耐寒试验：先将冰箱调节到（-5～-15）℃±1℃然后取两份样品，将其中一份置于冰箱内保持24h后，取出，恢复室温后与另一份样品进行比较，观察其是否有变稀、变色、分层及硬度变化等现象，以判断产品的耐寒性能。

离心试验：将样品置于管式离心机中，以2000～4000r/min的转速实验30min后，观察产品的分离、分层状况。

三、实验操作综合描述

请根据实验步骤描述，设计实验操作流程示意图，展示整个实验操作的指导图示。

课堂任务

一、数据记录与结果计算

润肤乳液的稳定性实验数据记录见表2-11。

表 2-11　润肤乳液的稳定性实验数据记录

指标名称		实验结果
稳定性实验	耐热试验	
	耐寒试验	
	离心试验	

二、任务评价

任务评价见表2-12。

表 2-12　任务评价

评价项目	评价标准	评价方式			权重	得分小计	总分
		自我评价	小组评价	教师评价			
		10	20	70			
课前学习	1. 对本任务内容进行课前预习,了解基本的学习内容知识。 2. 完成相关的知识点内容填写				30		
职业素质	1.遵守实验室管理规定,严格操作程序。 2. 按时完成学习任务。 3. 学习积极主动、勤学好问				10		
专业能力	1. 知道化妆品稳定性测试的标准方法。 2. 能正确、规范地进行实验操作。 3. 实验结果准确,且精确度高				50		
协作能力	在团队中所起的作用,团队合作的意识				10		
教师综合评价							

课后任务

一、思考练习

1. 如果润肤乳液经耐寒试验不合格，出现的现象是什么?

2. 如果润肤乳液离心试验不合格，在市售时可能出现什么情况？

二、综合拓展

色泽稳定性实验是检验有颜色化妆品色泽是否稳定的实验。你能设计一个检验香水色泽稳定性的实验吗？

相关知识

一、乳液不稳定性的机理

当乳液陈化时，经历物理变化使乳液不稳定，其中包括重力作用分层、絮结和歧化作用。

重力作用分离可能的结果是絮凝，絮凝是一种沉降或分层现象，絮凝时仍然是被乳化，但被分散相层浓集在上层（在 O/W 乳液中），或在下层（在 W/O 乳液中）。这两种重力引起的变化是可逆的，摇动可使聚集的物料重新分散。这些情况服从 Stokes 定律，即分离速度与油相和水相之间的密度差，连续相的黏度和被分散相粒子大小成比例。因此，增加连续相的黏度，或使用胶体磨或均质作用降低粒子大小可增加乳液的稳定性。

当被分散相液滴聚到一起时，结合形成较大的液滴，发生聚结作用，最终会产生相分离。当乳化剂的用量不足以使液滴保持较小的尺小，但足以防止絮凝，或进一步聚结成有较大粒子分布的乳液时，这样的情况称为有限聚结作用。

歧化作用是液滴内部压力较液滴外部压力大产生的。这样，推动力将引起化学组分由小液滴扩散至较大的液滴，或可能扩散至连续相。表面活性剂体系不同组分可能以不同速率由小液滴扩散至大液滴，结果是小液滴变小，大液滴变大。

二、乳液稳定性实验

1. 加速实验

加速实验是以向体系施加负荷为基础的方法。以温度为基础的加速实验是利用恒高温（40℃）或冷冻-融化循环（−10℃至室温）。高温加速实验的理论根据是描述化学反应速率常数与温度之间关系的 Arrhenius 方程，即温度增加 10℃，大多数化学反应速率加倍。因此，在 20℃经历 3 年，应相当于在 50℃经历 4.5 个月。

将化妆品静置在所设定的温度条件下，观察测定样品状态的变化情况。

（1）设定温度：−10℃、室温、40℃。

（2）保存时间：分别在 40℃或−10℃保存 24h，然后恢复至室温，与原样比较。比较后记录，然后反复实验。

（3）观察项目：

外观变化：色调差别、变褪色、条纹颜色不均、混入异物、伤痕、浮游物、分离、沉淀、发汗、白粉、浮起、麻点、疏松、龟裂、胶化、透明性、结块、光泽、塌陷、裂缝、气孔、气泡混入、真菌生长等。

气味变化：直接气味变化、容器的气味混入、使用时的气味变化。

2. 常温实验

实时实验测定乳液初始状态，并假设比较好的初始状态相当于较长的货架寿命，测量一周、一个月或半年变化，然后外推至更长的时间。

（1）设定温度：室温。

（2）保存时间：分别在第 1 周、第 2 周、第 3 周、第 6 周、第 9 周、第 12 周、第 18 周、第 24 周、第 30 周、第 42 周、第 54 周、第 66 周、半年进行考察，直至 3 年。

（3）观察项目：

外观变化：色调差别、变褪色、条纹颜色不均、混入异物、伤痕、浮游物、分离、沉淀、发汗、白粉、浮起、麻点、疏松、龟裂、胶化、透明性、结块、光泽、塌陷、裂缝、气孔、气泡混入、真菌生长等。

气味变化：直接气味变化、容器的气味混入、使用时的气味变化。

项目三　洗涤剂的分析技术

项目导学

洗涤剂是现代社会必不可少的化工产品，广泛地应用于日常生活中。洗涤剂长期以来在保护人类健康、清洁环境及工业生产方面起着非常重要的作用。

学习目标

认知目标

1. 知道洗涤剂的感官测定方法；

2. 熟悉洗涤剂中磷含量测定的意义；

3. 了解洗涤剂总活性物含量的测定；

4. 了解洗涤剂稳定性的作用；

5. 了解检测洗涤剂 pH 值的意义；

6. 熟悉洗涤剂去污力的意义。

情感目标

1. 激发学生对日化品检验技术的兴趣；

2. 培养学生对环保的热爱；

3. 培养学生科学严谨的实验态度；

4. 培养学生小组合作的团队精神。

技能目标

1. 能用酸度计测定洗涤剂的 pH 值；

2. 能够利用感官评价洗涤剂的质量；

3. 能够对洗涤剂进行稳定性分析；

4. 能够对洗涤剂进行定量分析。

知识准备

洗涤剂是指按照配方制备的有去污洁净功能的产品，通常主要由表面活性剂、助洗剂和添加剂等组成。洗涤剂要具备良好的润湿性、渗透性、乳化性、分散性、增溶性及发泡与消泡等性能。这些性能的综合就是洗涤剂的洗涤性能。洗涤剂的种类很多，按照去除污垢的类型，可分为重垢型洗涤剂和轻垢型洗涤剂；按照产品的外形可分为粉状、块状、膏状、浆状和液体等多种形态。

洗涤剂中经常用含磷化合物作为螯合剂，由于磷是一种营养物质，所以洗涤剂中的磷是水体富营养化的最主要因素。现在含磷洗涤剂的污染问题已经引起了世界各国的重视。

任务一 洗涤剂观感指标的测定

教学目标

1. 知道洗涤剂中观感指标的测定意义和方法；

2. 能够观察洗涤剂中观感指标的程度；

3. 学会对洗涤剂中观感指标进行判断。

任务介绍（任务描述）

观感指标是衡量产品外观质量的指标之一。因此，洗涤剂观感指标不但是洗涤剂的质量指标，而且是洗涤剂的理化指标之一。

任务解析

洗涤剂中观感指标的分析技术主要依据常规目测进行。

任务实施

课前任务

一、仪器

具塞广口瓶、量筒。

二、实验步骤

1. 外观

量取 200mL 试样，置于干燥洁净的无色具塞广口玻璃瓶中，在非直射光条件下进行目测，观察样品的色泽、清亮度和形态，做好观察记录。

2. 气味

量取 50mL 试样，置于干燥洁净的 60～80mL 无色具塞广口玻璃瓶中。在无异味的室内环境中，打开瓶盖，将瓶口靠近鼻子，距离约 10cm，并用手扇动瓶口上方空气，用嗅觉进行气味鉴别。与标准香型样品进行比较，记录样品的气味。

三、实验操作综合描述

请根据上述实验步骤描述，设计实验操作流程示意图，展示整个实验操作的指导图示。

课堂任务

一、数据记录与结果计算

洗涤剂观感指标测定数据记录见表 3-1。

表 3-1　洗涤剂观感指标测定

观感指标项目	1	2
是否出现分层现象		
底部是否出现沉淀物现象		
样品体系是否有机械杂质		
样品体系是否出现悬浮物		
气味是否符合规定香型		
综合评价		

各项指标都合格时，产品观感指标综合评价才能判定为合格。

二、任务评价

任务评价见表 3-2。

表 3-2　任务评价

评价项目	评价标准	评价方式			权重	得分小计	总分
		自我评价	小组评价	教师评价			
		10	20	70			
课前学习	1. 对本任务内容进行课前预习,了解基本的学习内容知识。 2、完成相关的知识点内容填写				30		
职业素质	1. 遵守实验室管理规定,严格操作程序。 2. 按时完成学习任务。 3. 学习积极主动、勤学好问				10		
专业能力	1. 知道洗涤剂观感测定的标准方法。 2. 能正确、规范地进行实验操作。 3. 实验结果准确,且精确度高				50		
协作能力	在团队中所起的作用,团队合作的意识				10		
教师综合评价							

课后任务

一、思考练习

1. 测定观感指标时，气味项目观感指标如何评价更为合理？

2. 本任务中采用目测机械杂质，你觉得机械杂质有哪些？

二、综合拓展

1. 洗涤剂观感指标评价属于定性指标还是定量指标？为什么？

2. 外观目测项目还有颜色和透明程度，你认为这两个项目如何目测？可以借助什么工具或仪器？

任务二　洗涤剂总五氧化二磷含量的测定

教学目标

1. 知道洗涤剂中总五氧化二磷的测定意义和方法；
2. 能够测定洗涤剂中总五氧化二磷的含量；
3. 学会洗涤剂中总五氧化二磷含量的计算。

任务介绍（任务描述）

含磷洗涤剂不仅对环境造成污染，而且影响人体健康。含磷洗涤剂导致江河水中含磷量升高，水质富营养化，各种藻类植物疯狂繁殖，水草狂长。这些水生物死亡腐败以后，会放出甲烷、硫化氢、氨等大量有毒有害气体，使水质浑浊发臭，水体缺氧，导致水中鱼、虾、贝类等水生物死亡，河流、湖泊变成死水，严重影响周围的生态环境。含磷洗涤剂中的三聚磷酸钠污染水源后，水质恶化浑浊，水中的各种有害物质通过地表渗透到饮用水源，损害人类的健康。此外，三聚磷酸钠对皮肤有强烈的刺激作用。因此，洗涤剂中总五氧化二磷不但是洗涤剂的质量指标，也是洗涤剂中严控的有害物指标。

任务解析

洗涤剂中总五氧化二磷含量的分析技术主要依据 GB/T 12031，本任务主要介绍磷钼蓝比色法。

测定洗涤剂总五氧化二磷含量的方法有磷钼酸喹啉重量法和磷钼蓝比色法。磷钼蓝比色法适用于无磷配方洗涤剂总五氧化二磷的含量分析，不适用于配方中添加含磷组分的洗涤剂产品。

任务实施

课前任务

一、仪器与试剂

T6 型分光光度计、容量瓶、吸量管、烧杯、试管、水浴加热装置、分析天平、定性滤纸。

五氧化二磷标准样、钼酸铵、硫酸、抗坏血酸。

二、实验步骤

（1）标准曲线的制作：分别移取五氧化二磷标准样 0mL、2.0mL、4.0mL、6.0mL、8.0mL、10.0mL、15.0mL、20.0mL 至试管中，加水至25mL，依次加入 10mL 钼酸铵-硫酸溶液和 2mL 抗坏血酸溶液，置于沸水浴中加热 45min，冷却，再分别转移至 100mL 容量瓶中，用水稀释至刻度，混匀。用分光光度计以 20mm 比色池，水作参比，于 650nm 波长处测定该系列溶液的吸光度。以净吸光度为纵坐标，以五氧化二磷的量（μg）为横坐标，绘制标准曲线。

（2）称取 1g 试样（准确至 0.001g）于 150mL 烧杯中，加水溶解并转移至 500mL 容量瓶中，再加水至刻度，混匀。将溶液通过干的慢速定性滤纸过滤，用干烧杯收集滤液，弃去前 10mL，然后收集约 50mL 滤液备用。移取 25.0mL 滤液至试管中，按步骤（1）测定该溶液的吸光度，同时做一空白实验（不加试样）。

三、实验操作综合描述

请根据上述实验步骤描述，设计实验操作流程示意图，展示整个实验操作的指导图示。

课堂任务

一、数据记录与结果计算

洗涤剂中总五氧化二磷的测定数据记录见表 3-3。

表 3-3　洗涤剂中总五氧化二磷的测定

项目	1	2	3
五氧化二磷的质量 $m/\mu g$			
试样的质量 m_0/g			
总五氧化二磷的含量/%			
平均值/%			
极差/%			
极差与平均值之比/%			

结果计算：

$$X = \frac{m}{m_0} \times \frac{500}{25} \times 10^{-4}$$

式中　X——洗涤剂中总五氧化二磷含量（质量分数），%；

　　　m——试验溶液净吸光度相当的五氧化二磷质量，μg；

　　　m_0——试样的质量，g。

平行实验结果允许误差不超过 3%，其平均值为测定结果，保留小数点后两位数。

二、任务评价

任务评价见表 3-4。

表 3-4　任务评价

评价项目	评价标准	评价方式			权重	得分小计	总分
		自我评价	小组评价	教师评价			
		10	20	70			
课前学习	1. 对本任务内容进行课前预习，了解基本的学习内容知识。 2. 完成相关的知识点内容填写				30		
职业素质	1. 遵守实验室管理规定，严格操作程序。 2. 按时完成学习任务。 3. 学习积极主动、勤学好问				10		
专业能力	1. 知道洗涤剂中总五氧化二磷测定的标准方法。 2. 能正确、规范地进行实验操作。 3. 实验结果准确，且精确度高				50		
协作能力	在团队中所起的作用，团队合作的意识				10		
教师综合评价							

课后任务

一、思考练习

1. 测定洗衣粉和洗衣液总五氧化二磷含量时，在操作和结果计算上有什么不同？

2. 本任务使用了分光光度计仪器，在操作使用过程中应该注意些什么？

二、综合拓展

1. 洗涤剂感官指标有哪些检测指标项目？

2. 香精香料的气味以什么标准为依据进行检测？如何检测？

任务三　洗涤剂总活性物含量的测定

教学目标

1. 知道洗涤剂中总活性物的测定意义和方法；
2. 能够测定洗涤剂中总活性物的含量；
3. 学会洗涤剂中总活性物含量的计算。

表面活性剂是洗涤剂的主要成分，总活性物是洗涤剂的综合洗涤性能关键指标，在配方中应显示规定活性的全部表面活性剂。因此，洗涤剂中总活性物不但是洗涤剂的质量指标，而且是洗涤剂的性能关键指标。

任务解析

洗涤剂中总活性物含量的分析技术主要依据 GB/T 13172.2—2009，本任务中主要介绍结果包含水助溶剂 A 法。

测定洗涤剂总活性物含量的方法有结果包含水助溶剂 A 法和结果不包含水助溶剂 B 法。A 法适用于结果包含水助溶剂的总活性物含量分析，不适用于结果不包含水助溶剂的总活性物含量分析。需要在总活性物含量中扣除水助溶剂时，可用结果不包含水助溶剂 B 法进行分析。

任务实施

课前任务

一、仪器与试剂

烘箱、水浴锅、循环水式真空泵、坩埚、滴定管、玻璃棒、锥形瓶、烧杯。

无水乙醇、95％乙醇、铬酸钾指示剂、酚酞指示剂、硝酸银标准溶液。

二、实验步骤

1. 称取实验样品（粉、粒状样品约 2g，液、膏体样品约 5g），准确至 0.001g，置于 150mL 烧杯中，加入 5mL 蒸馏水，用玻璃棒不断搅拌，以分散固体颗粒和破碎团块，直到没有明显的颗粒状物。加入 5mL 无水乙醇，继续用玻璃棒搅拌，使样品溶解呈糊状，然后边搅拌边缓缓加入 90mL 无水乙醇，继续搅拌一会儿以促进溶解。静置片刻至溶液澄清，用倾泻法通过古氏坩埚进行过滤（用滤瓶抽滤）。将清液尽量排干，不溶物尽可能留在烧杯中，再以同样方法，每次用 95％热乙醇 25mL 重复萃取、过滤，操作四次。将吸滤瓶中的乙醇萃取液小心地转移至已称量的 300mL 烧杯中，用 95％热乙醇冲洗吸滤瓶三次，滤液和洗液合并于 300mL 烧杯中（此为乙醇萃取液）。

2. 将盛有乙醇萃取液的烧杯置于沸腾水浴中，使乙醇蒸发至尽，再将烧杯外壁擦干，置于（105±2）℃烘箱内干燥 1h，移入干燥器中，冷却 30min 并称重（m）。

3. 将已称量的烧杯中的乙醇萃取物分别用 100mL 水、95％乙醇 20mL 溶解洗涤至 250mL 锥形瓶中，加入酚酞溶液 3 滴，如呈红色，则以 0.5mol/L 硝酸溶液中和至红色刚好褪去。如不呈红色，则以 0.5mol/L 氢氧化钠溶液中和至微红色，再以 0.5mol/L 硝酸溶液回滴至微红色刚好褪去。然后加入 1mL 铬酸钾指示剂，用 0.1mol/L 硝酸银标准滴定溶液滴定至溶液由黄色变为橙色为止。

三、实验操作综合描述

请根据上述实验步骤描述，设计实验操作流程示意图，展示整个实验操作的指导图示。

课堂任务

一、数据记录与结果计算

洗涤剂总活性物含量的测定数据记录见表 3-5。

表 3-5　洗涤剂总活性物含量的测定

项目	1	2	3
乙醇溶解物的质量 m_1/g			
试样的质量 m/g			
乙醇溶解物中氯化钠的质量 m_2/g			
总活性物的含量/％			
平均值/％			
极差/％			
极差与平均值之比/％			

结果计算：

$$总活性物含量(\%) = \frac{m_1 - m_2}{m} \times 100\%$$

式中　m_1——乙醇溶解物的质量，g;

　　　m——试样的质量，g;

　　　m_2——乙醇溶解物中氯化钠的质量，g。

平行实验结果允许误差不超过 0.3%，其平均值为测定结果，保留小数点后两位数。

二、任务评价

任务评价见表 3-6。

表 3-6　任务评价

评价项目	评价标准	评价方式			权重	得分小计	总分
		自我评价	小组评价	教师评价			
		10	20	70			
课前学习	1. 对本任务内容进行课前预习，了解基本的学习内容知识。 2. 完成相关的知识点内容填写				30		
职业素质	1. 遵守实验室管理规定，严格操作程序。 2. 按时完成学习任务。 3. 学习积极主动、勤学好问				10		
专业能力	1. 知道洗涤剂总活性物含量测定的标准方法。 2. 能正确、规范地进行实验操作。 3. 实验结果准确，且精确度高				50		
协作能力	在团队中所起的作用，团队合作的意识				10		
教师综合评价							

课后任务

一、思考练习

1. 乙醇溶解物中氯化钠如何更准确地测定？

2. 本任务中的萃取是比较复杂的操作，如何确保和提高操作准确性？

二、综合拓展

1. 洗涤剂按外观形态分几类？按使用范畴又分几类？

2. 洗涤剂分为重垢型洗涤剂与轻垢型洗涤剂类型，请简述这两个类型包括哪些洗涤剂？

3. 以总活性物含量为基础，你觉得应如何选用家用洗涤剂？

任务四　洗涤剂稳定性的测定

教学目标

1. 知道洗涤剂稳定性的测定意义和方法；
2. 能够测定洗涤剂中稳定性的程度；

3. 学会洗涤剂中稳定性的判断。

任务介绍（任务描述）

稳定性是衡量产品运输、仓储和使用过程中质量的指标之一。因此，洗涤剂稳定性不但是洗涤剂的质量指标，也是洗涤剂的理化指标之一。

任务解析

洗涤剂稳定性的分析技术主要依据 QB/T 1224—2012 进行。

任务实施

课前任务

一、仪器

冰箱、烘箱、具塞广口瓶。

二、实验步骤

（1）耐寒试验方法：量取 100mL 的试样三份，分别置于 250mL 的无色具塞广口玻璃瓶中，在（-5±2）℃的冰箱中放置 24h，取出置于室内（25±5）℃环境中 2~3h，直至样品恢复至室温后进行目测，观察产品性状变化情况，做好观察记录。

（2）耐热试验方法：量取 100mL 的试样三份，分别置于 250mL 的无色具塞广口玻璃瓶中，在（40±2）℃的烘箱中放置 24h，取出置于室内（25±5）℃环境中 2~3h，直至样品恢复至室温后进行目测，观察产品性状变化情况，做好观察记录。

三、实验操作综合描述

请根据上述实验步骤描述，设计实验操作流程示意图，展示整个实验操作的指导图示。

课堂任务

一、数据记录与结果计算

洗涤剂稳定性的测定中耐寒、耐热观察数据记录见表 3-7、表 3-8。

表 3-7　洗涤剂稳定性的测定——耐寒观察

耐寒观察	1	2	3
是否出现分层			
底部是否出现沉淀物			
液面是否出现浮油			
样品体系是否出现悬浮物			
综合评价			

表 3-8　洗涤剂稳定性的测定——耐热观察

耐热观察	1	2	3
是否出现分层			
样品颜色是否与原样出现色差			
液面是否出现浮油			
样品体系是否出现悬浮物			
综合评价			

耐寒和耐热综合评价都合格，产品稳定性才能判定为合格。

二、任务评价

任务评价见表 3-9。

表 3-9　任务评价

评价项目	评价标准	评价方式			权重	得分小计	总分
		自我评价	小组评价	教师评价			
		10	20	70			
课前学习	1. 对本任务内容进行课前预习，了解基本的学习内容知识。 2. 完成相关的知识点内容填写				30		

评价项目	评价标准	评价方式			权重	得分小计	总分
		自我评价	小组评价	教师评价			
		10	20	70			
职业素质	1. 遵守实验室管理规定,严格操作程序。 2. 按时完成学习任务。 3. 学习积极主动、勤学好问				10		
专业能力	1. 知道洗涤剂稳定性测定的标准方法。 2. 能正确、规范地进行实验操作。 3. 实验结果准确,且精确度高				50		
协作能力	在团队中所起的作用,团队合作的意识				10		
教师综合评价							

课后任务

一、思考练习

1. 测定洗衣粉等固体产品稳定性时,该如何评价其稳定性?

2. 你觉得本任务采用的检测设备,在操作使用过程中可以用什么来替代?

二、综合拓展

1. 洗涤剂稳定性评价属于定性评价还是定量评价?为什么?

2. 请查找《农药液体制剂低温稳定性测定方法》的国家标准，与洗涤剂耐寒稳定性测定方法有什么不同？

相关知识

衣料用液体洗涤剂观感和理化检测标准见表 3-10。

表 3-10　衣料用液体洗涤剂观感和理化检测标准

项目			洗衣液		丝毛洗衣液		衣领袖口预洗剂
			普通型	浓缩型	普通型	浓缩型	
感官指标	外观		不分层,无明显悬浮物(加入均匀悬浮颗粒组分的产品除外)或沉淀,无机械杂质的均匀液体				
	气味		无异味,符合规定香型				
理化指标	稳定性	耐热	在(40±2)℃下保持 24h,恢复至室温后与实验前无明显变化				
		耐寒	在(−5±2)℃下保持 24h,恢复至室温后与实验前无明显变化				
	稳定性/% ≥		15	25	12	25	6
	pH(25℃,1%水溶液)①		≤10.5		4.0~8.5		≤10.5
	稳定性/% ≤		1.1(对无磷产品的要求)				

① 结构型洗衣液的 pH 测试浓度为 0.1%水溶液。

任务五　洗涤剂 pH 值的测定

教学目标

1. 知道洗涤剂 pH 值的测定意义和方法；
2. 能够测定洗涤剂 pH 值的数据；
3. 学会 pH 计的使用。

任务介绍（任务描述）

pH 值是衡量产品质量稳定程度的指标之一。因此，洗涤剂 pH 值不但是洗涤剂的质量指标，而且是洗涤剂的理化指标之一。

任务解析

洗涤剂 pH 值的分析技术主要依据 GB/T 6368—2008 进行。

任务实施

课前任务

一、仪器与试剂

酸度计（分度值为 0.01pH 单位、玻璃指示电极、饱和甘汞参比电极）、温度计、电磁搅拌器、天平。

邻苯二甲酸盐标准缓冲溶液、磷酸盐标准缓冲溶液、硼酸盐标准缓冲溶液。

二、实验步骤

测试是在温度 (25±5)℃环境条件下，用新煮沸并冷却的蒸馏水配制试样溶液的质量浓度为 1%，然后在电磁搅拌器缓和搅拌下，用调试正常的酸度计进行操作，测定其 pH 值。

三、实验操作综合描述

请根据上述实验步骤描述，设计实验操作流程示意图，展示整个实验操作的指导图示。

课堂任务

一、数据记录与结果计算

洗涤剂 pH 值的测定数据记录见表 3-11。

表 3-11　洗涤剂 pH 值的测定

项目	1	2	3
pH 值			
平均值/%			
极差/%			
极差与平均值之比/%			

二、任务评价

任务评价见表 3-12。

表 3-12　任务评价

评价项目	评价标准	评价方式			权重	得分小计	总分
		自我评价	小组评价	教师评价			
		10	20	70			
课前学习	1. 对本任务内容进行课前预习,了解基本的学习内容知识。 2. 完成相关的知识点内容填写				30		
职业素质	1. 遵守实验室管理规定,严格操作程序。 2. 按时完成学习任务。 3. 学习积极主动、勤学好问				10		
专业能力	1. 知道洗涤剂 pH 值测定的标准方法。 2. 能正确、规范地进行实验操作。 3. 实验结果准确,且精确度高				50		
协作能力	在团队中所起的作用,团队合作的意识				10		
教师综合评价							

课后任务

一、思考练习

1. 应该如何测定洗涤剂固体产品的 pH 值?

2. 本任务采用的检测设备，你觉得在操作使用过程中是否与测定其他产品一样？

二、综合拓展

1. 洗涤剂 pH 值一般在什么范围比较合理？请查找最佳答案。

2. 请阐述 pH 计的复合电极测定 pH 值的原理。

任务六　洗涤剂去污力的测定

教学目标

1. 知道洗涤剂去污力的测定意义和方法；
2. 能够测定洗涤剂去污力的程度；
3. 学会洗涤剂去污力的判断。

任务介绍（任务描述）

去污力是衡量产品质量性能的重要指标。因此，洗涤剂去污力不但是洗涤剂的质量指标，而且是洗涤剂的理化指标之一。

任务解析

洗涤剂去污力的分析技术主要依据 GB/T 13174—2008 进行。

任务实施

课前任务

一、仪器与试剂

污布、WSD-3 白度计、天平、容量瓶、烧杯、搪瓷盘。

无水硫酸镁、无水氯化钙、洗衣液、去离子水。

二、实验步骤

1. 污布的选择

本实验选用三种污布：JB-01（炭黑污布）、JB-02（蛋白污布）、JB-03（皮脂污布）。把买来的污布裁剪成边长为 60mm 的正方形，每个试样准备两块污布。

2. 实验原理

在去污实验机内于规定温度和洗涤时间下，用一定硬度的水配制成确定浓度的洗涤剂溶液，对三种污布试样进行洗涤，并用 WSD-3 白度计在选定波长下测定试样洗涤前后的白度值，以试样白度差评价洗涤剂的去污作用。

3. 污布白度的测定

选用 WSD-3 白度计：

（1）准备：将仪器放在通风良好的室内，检查电源线，打开电源开关。

（2）从仪器附件箱内取出"工作白板"和"黑板"，平放在实验台上。

（3）调整和校正：

调零：待屏幕出现"ZERO"，将黑板放在传感器上，按下调零按钮。

校正：待屏幕出现"STANDARD"，将工作白板放在传感器上，按下标准按钮。

（4）测量：经调零和校正后，就可以测量，这时把污布放到传感器上，依次读得两个白度值，把布翻过来，再做同样操作，又得两个读数，这样一块布共测得四个读数，取其平均值即为污布的平均白度值。

4. 硬水配制及试液的配制

（1）2500mg/kg 硬水的配制 精确称取无水硫酸镁 1.20g、无水氯化钙 1.67g，溶解于 1000mL 容量瓶中，加水至刻度，摇匀。

（2）试液的配制 称取 2g（浓缩洗衣液称取 1g）试样于 1000mL 容量瓶中，加入 100mL 的 2500mg/kg 硬水，继续加去离子水至刻度，摇匀。

5. 洗涤实验

洗涤实验是在立式去污实验机中进行的，测定前先把搅拌叶轮、工作槽、去污浴缸一一编号固定组成一个"工作单元"，并预热仪器至（30±1）℃下稳定一段时间。实验时将配制好的试液（事先已预热到 30℃）1L 倒入对应的去污浴缸内，将浴缸放入所对应的位置并安装好搅拌叶轮，调节温度使实验仪器保持在（30±1）℃，把测过白度的试片分别放入浴缸内，启动搅拌，并保持搅拌速度 120r/min，洗涤 20min 停止，取出瓶中污布用自来水冲洗，放在搪瓷盘中晾干后进行白度测定（方法同前）。

6. 去污值及去污比值计算：

$$去污值 R = (\sum F_2 - \sum F_1)/2$$

$$去污比值 = \frac{R_{试}}{R_{标准}}$$

式中，F_2 为洗后白度；F_1 为洗前白度；$R_{试}$ 为试样洗衣液去污值；$R_{标准}$ 为标准洗衣液去污值。

三种污布测试的去污比值均大于 1 即符合 QB/T 1224—2012《衣料用液体洗涤剂》规定。

三、实验操作综合描述

请根据上述实验步骤描述，设计实验操作流程示意图，展示整个实验操作的指导图示。

课堂任务

一、数据记录与结果计算

炭黑污布 JB-01、蛋白污布 JB-02、皮脂污布 JB-03 的数据记录见表 3-13～表 3-15。

表 3-13　炭黑污布 JB-01

洗衣液名称	污布编号	F_1	F_2	去污值	去污比值
标准洗衣液	1				
	2				
	3				
	4				
	5				
	6				

表 3-14　蛋白污布 JB-02

洗衣液名称	污布编号	F_1	F_2	去污值	去污比值
标准洗衣液	1				
	2				
	3				
	4				
	5				
	6				

表 3-15　皮脂污布 JB-03

洗衣液名称	污布编号	F_1	F_2	去污值	去污比值
标准洗衣液	1				
	2				
	3				
	4				
	5				
	6				

各项去污能力均优于标准试样时，产品去污力综合评价才能判定为合格。

二、任务评价

任务评价见表 3-16。

表 3-16　任务评价

评价项目	评价标准	评价方式			权重	得分小计	总分
		自我评价	小组评价	教师评价			
		10	20	70			
课前学习	1. 对本任务内容进行课前预习,了解基本的学习内容知识。 2. 完成相关的知识点内容填写				30		
职业素质	1. 遵守实验室管理规定,严格操作程序。 2. 按时完成学习任务。 3. 学习积极主动、勤学好问				10		
专业能力	1. 知道洗涤剂去污力测定的标准方法。 2. 能正确、规范地进行实验操作。 3. 实验结果准确,且精确度高				50		
协作能力	在团队中所起的作用,团队合作的意识				10		
教师综合评价							

课后任务

一、思考练习

1. 测定去污力时,观察去污力好坏的标准是什么?

2. 你觉得本任务采用的检测设备,在操作使用过程中可以用什么来替代?

二、综合拓展

1. 洗涤剂去污力评价属于定性评价，你认为这样判断合理吗？为什么？

2. 对洗涤剂的去污力评价有多种方法，请你列举日常生活中我们可以怎样判断洗涤剂的去污力？

项目四 口腔用品的分析技术

项目导学

　　口腔卫生对保持人体健康和疾病预防有着重要的意义，保持口腔卫生最有效的办法就是使用口腔用品。常见的口腔用品包括牙粉、漱口水、口腔喷雾剂和牙膏等。其中，牙膏的产量最大，应用最广泛。

学习目标

认知目标

1. 知道牙膏感官指标的测定方法；
2. 了解牙膏稳定性的作用；
3. 熟悉氟在牙膏中的作用。

情感目标

1. 激发学生对日化品检验技术的兴趣；
2. 培养学生对环保的热爱；
3. 培养学生科学严谨的实验态度；
4. 培养学生小组合作的团队精神。

技能目标

1. 能够检验牙膏的稳定性；
2. 能够对牙膏进行感官评价；

3. 能够检测牙膏中氟的含量。

知识准备

牙膏是与牙刷配合使用的口腔用品，用牙膏刷牙可以清洁口腔，减少口臭，保持牙龈健康。

牙膏的配方组成主要有摩擦剂、洗涤发泡剂、胶黏剂、保湿剂和其他添加剂，牙膏的主体原料是摩擦剂。为了防止龋齿，经常在牙膏里加入活性物氟化钠、氟化亚锡、单氟磷酸钠、氟化锌等。

优质的牙膏应该具有：适宜的摩擦力、优良的起泡性、一定的抑菌作用、舒适的香味和口感、良好的存储稳定性和安全性。

任务一　牙膏的感官指标与稳定性检验

教学目标

1. 知道牙膏的感官指标检验方法；
2. 学会牙膏的感官指标检验；
3. 学会牙膏的稳定性指标检验。

任务介绍（任务描述）

优质牙膏具备两个基本特征：其一是膏体应均匀、细腻、洁净、色泽正常；其二是香味应符合规定（如水果型、香茶型、薄荷型等）香型。因此，常对牙膏产品的膏体、香味进行感官检验，以判断牙膏的品质好坏。

任务解析

感官检验一般通过人为主观意愿，对检测对象通过人的感受器官来描述其色、香、味、形、质地等。优质牙膏具备特定的感官特性，通过感官检验，可以初步确定牙膏的品质。

任务实施

课前任务

一、仪器与试剂

冰箱、电热恒温培养箱。

试样牙膏。

二、实验步骤

1. 牙膏的膏体检验

任意取试样牙膏 2 支，剖管后按照"相关知识"（GB 8372—2017）进行检验。

2. 稳定性检验

取试样牙膏 2 支，1 支样品室温保存，另一支样品放入（-8 ± 1）℃的冰箱内，8h 后取出，随即放入（45 ± 1）℃电热恒温培养箱内，8h 后取出，恢复室温，开盖，膏体应不溢出管口。将牙膏管体倒置，10s 内应无液体从管口滴出。膏体挤出后与室温保存样品相比较，其香味、色泽应正常。

三、实验操作综合描述

请根据上述实验步骤描述，设计实验操作流程示意图，展示整个实验操作的指导图示。

课堂任务

一、数据记录与结果计算

牙膏感官检验结果见表 4-1。

表 4-1　牙膏感官检验结果

项目	膏体色泽	膏体洁净	膏体均匀
试样 1			
试样 2			

牙膏稳定性测定结果见表 4-2。

表 4-2　牙膏稳定性测定结果

项目	试样 1	试样 2
开盖后有无溢出	□有　□无	□有　□无
有无油水分离	□有　□无	□有　□无
香味是否正常	□有　□无	□有　□无
色泽是否正常	□有　□无	□有　□无

注：在对应所观察的现象的□中打"√"。

二、任务评价

任务评价见表 4-3。

表 4-3　任务评价

评价项目	评价标准	评价方式			权重	得分小计	总分
		自我评价	小组评价	教师评价			
		10	20	70			
课前学习	1. 对本任务内容进行课前预习,了解基本的学习内容知识 2. 完成相关的知识点内容填写				30		
职业素质	1. 遵守实验室管理规定,严格操作程序。 2. 按时完成学习任务。 3. 学习积极主动、勤学好问				10		
专业能力	1. 知道牙膏感官检测、稳定性检测方法。 2. 能正确、规范地进行实验操作。 3. 实验结果准确,且精确度高				50		
协作能力	在团队中所起的作用,团队合作的意识				10		
教师综合评价							

课后任务

一、思考练习

1. 膏体检验时，能否不用标准样品进行对比？

2. 人是通过哪些感受器官来描述感官检验对象：色、香、味、形、质地的？

二、综合拓展

不同的检验员在进行感官检验时，会存在不同的偏差，如何最大限度减小偏差？

相关知识

牙膏的感官与理化检验标准（GB/T 8372—2017）见表4-4。

表4-4　牙膏的感官与理化检验标准

项目		指标
感官指标	膏体	均匀、无异物
理化指标	pH值	5.5～10.5
	稳定性	膏体不溢出管口,不分离出液体,香味、色泽正常
	过硬颗粒	玻璃片无划痕
	可溶氟或游离氟量 (下限仅适用于含氟防龋齿牙膏)/%	0.05～0.15(适用于含氟牙膏) 0.05～0.11(适用于儿童含氟牙膏)
	总氟量 (下限仅适用于含氟防龋齿牙膏)/%	0.05～0.15(适用于含氟牙膏) 0.05～0.11(适用于儿童含氟牙膏)

任务二　牙膏的 pH 值与过硬颗粒指标检验

教学目标

1. 知道牙膏的理化检验指标；

2. 学会牙膏的 pH 值和过硬颗粒的指标检验。

任务介绍（任务描述）

目前，牙膏是口腔卫生用品使用最广泛、用量最大的产品。牙膏可以保护口腔卫生，为日用必需品。本任务尝试对牙膏的 pH 值、过硬颗粒指标进行测定。

任务解析

牙膏相关国标对其稠度、挤膏压力、泡沫量、pH 值、稳定性、过硬颗粒、总氟量、可溶氟或游离氟量等都有相关要求，本任务依据 GB/T 8372—2017 的相关技术标准，开展对牙膏的 pH 值、过硬颗粒指标进行测定。

任务实施

课前任务

一、牙膏的 pH 值测定

1. 仪器与试剂

pH 计（精度为 0.02pH 单位）、温度计（精度 0.2℃）、分析天平（精度 0.01g）、量筒、烧杯、磁力搅拌器等。

邻苯二甲酸盐标准缓冲溶液、磷酸盐标准缓冲溶液、硼酸盐标准缓冲溶液。

2. 实验步骤

（1）任取试样牙膏 1 支，从中称取 5g，精确至 0.01g，置于 50mL 烧杯内，加入预先煮沸冷却的蒸馏水 20mL，充分搅拌均匀，于 20℃下用 pH 计测定。

（2）仪器校正参考表面活性剂 pH 值的测定，见本书项目一。

（3）平行测定的绝对差值不大于 0.02pH 单位，计算算术平均值作为测定结果。

二、过硬颗粒测定

1. 仪器与试剂

过硬颗粒测定仪、载玻片（75mm×25mm）、天平。

硝酸（1+1）。

2. 实验步骤

取试样牙膏 1 支，从中称取牙膏 5g 于无划痕的载玻片上，将载玻片放入测定仪的固定槽内，压上摩擦铜块，启动开关，使铜块往复摩擦 100 次后，停止摩擦，取出载玻片，用水或者热硝酸（1+1）将载玻片洗净，然后观察该片有无划痕。

三、实验操作综合描述

请根据上述实验步骤描述，设计实验操作流程示意图，展示整个实验操作的指导图示。

课堂任务

一、数据记录与结果计算

（1）牙膏的 pH 值测定结果见表 4-5。

表 4-5　牙膏的 pH 值测定结果

项目	pH 值(平行 1)	pH 值(平行 2)	平均值
试样 1			
试样 2			

（2）过硬颗粒测定结果：载玻片的现象＿＿＿＿＿＿＿＿＿＿＿＿，测定结果为＿＿＿＿＿＿＿＿＿＿＿。

二、任务评价

任务评价见表 4-6。

表 4-6　任务评价

评价项目	评价标准	评价方式			权重	得分小计	总分
		自我评价	小组评价	教师评价			
		10	20	70			
课前学习	1. 对本任务内容进行课前预习，了解基本的学习内容知识。 2. 完成相关的知识点内容填写				30		

评价项目	评价标准	评价方式			权重	得分小计	总分
		自我评价	小组评价	教师评价			
		10	20	70			
职业素质	1. 遵守实验室管理规定,严格操作程序。 2. 按时完成学习任务。 3. 学习积极主动、勤学好问				10		
专业能力	1. 知道牙膏 pH 值、过硬颗粒检测方法。 2. 能正确、规范地进行实验操作。 3. 实验结果准确,且精确度高				50		
协作能力	在团队中所起的作用,团队合作的意识				10		
教师综合评价							

课后任务

一、思考练习

1. 如果牙膏中存在过硬颗粒,会有什么危害?

2. 在牙膏 pH 值测定过程中,如果取 5g 牙膏,加入 25mL 水溶解,可以吗?

二、综合拓展

比较牙膏 pH 值的测定方法与表面活性剂 pH 值的测定方法,列举出相同点和不同点。

任务三　牙膏的可溶氟指标检验

教学目标

1. 知道牙膏的理化检验指标；
2. 学会牙膏的可溶氟指标检验。

任务介绍（任务描述）

牙膏可以保护口腔卫生，为日用必需品，其安全性关系到人们的幸福感。科学家发现，氟化物能有效预防龋齿，对于儿童，特别是 6 岁以下的儿童，由于吞咽反射比较差，要注意防止氟摄入过量。本任务尝试对牙膏的可溶氟等理化指标进行测定。

任务解析

成人每日氟摄入量应低于 4.2mg，成人牙膏的氟浓度一般为 1000～1500mg/kg，儿童应该使用含氟量更少的儿童牙膏（含氟浓度一般为 250～500mg/kg），如果使用 1g 的含氟牙膏（约 1cm 长的膏体），每天刷牙 2 次，刷牙后吐掉牙膏浆，已经吐掉了大部分的氟，不会对人体产生伤害。牙膏相关国标对可溶氟或游离氟量等都有相关要求，本任务依据 GB/T 8372—2017 的相关技术标准，对牙膏的可溶氟等指标进行测定。

任务实施

课前任务

一、仪器与试剂

pH 计（精度 0.02pH 单位）、离心机、水浴锅、烘箱、塑料烧杯、容量瓶、刻度吸量管等。

氟离子标准溶液（100mg/kg）、柠檬酸盐缓冲溶液、盐酸溶液（4mol/L）、氢氧化钠溶液（4mol/L）、去离子水。

二、实验步骤

（1）试样制备　取试样牙膏一支，称取20g牙膏（准确至0.001g）置于50mL塑料烧杯中，逐渐加入去离子水搅拌溶解，转移至100mL容量瓶中，定容后摇匀。分别倒入两个具有刻度的10mL离心管中，使其质量相等。然后在离心机（2000r/min）中离心30min，冷却至室温，取上层清液。

（2）标准曲线的绘制　准确吸取0.5mL、1.0mL、1.5mL、2.0mL、2.5mL氟离子标准溶液，分别于5个50mL容量瓶中，各加入柠檬酸盐缓冲溶液5mL，用去离子水定容。然后用pH计分别测定其电位值E，并绘制E-$\lg c$标准曲线。

（3）试样测定　吸取0.5mL离心后的上层清液，转移到2mL微型离心管中，加入4mol/L盐酸溶液0.7mL，离心管加盖，50℃水浴10min，移至50mL容量瓶中，加入4mol/L氢氧化钠溶液0.7mL，再加入柠檬酸盐缓冲溶液5mL，用去离子水定容，转移至50mL塑料烧杯中，用pH计测定其电位值E，并在标准曲线上查出相应的氟离子浓度。

（4）计算公式

$$X = A \times \frac{50}{0.5} \times \frac{100}{m}$$

式中　A——标准曲线上所查出氟含量的对数值，再取反对数；

　　　m——样品质量，g；

　　　X——可溶氟或游离氟含量，mg/kg。

三、实验操作综合描述

请根据上述实验步骤描述，设计实验操作流程示意图，展示整个实验操作的指导图示。

课堂任务

一、数据记录与结果计算

牙膏可溶氟标准曲线绘制数据记录见表4-7。

表 4-7　牙膏可溶氟标准曲线绘制数据

标准溶液体积/mL	0.5	1.0	1.5	2.0	2.5
$\lg c$					
E/mV					

牙膏可溶氟结果分析数据记录见表4-8。

表 4-8　牙膏可溶氟结果分析

项目	试样 1	试样 2	试样 3
E/mV			
$\lg c$			
X			
质量分数			

二、任务评价

任务评价见表4-9。

表 4-9　任务评价

评价项目	评价标准	评价方式			权重	得分小计	总分
		自我评价	小组评价	教师评价			
		10	20	70			
课前学习	1. 对本任务内容进行课前预习,了解基本的学习内容知识。 2. 完成相关的知识点内容填写				30		
职业素质	1. 遵守实验室管理规定,严格操作程序。 2. 按时完成学习任务。 3. 学习积极主动、勤学好问				10		
专业能力	1. 知道可溶氟含量检测方法。 2. 能正确、规范地进行实验操作。 3. 实验结果准确,且精确度高				50		
协作能力	在团队中所起的作用,团队合作的意识				10		
教师综合评价							

课后任务

一、思考练习

1. 氟离子在牙膏中有什么作用？

2. 牙膏中氟含量超标对人体存在危害吗？如果有，请具体说明。

二、综合拓展

实验中标准曲线的绘制，若想提高标准曲线的线性相关性，在实验过程中，必须注意哪些操作？

项目五　日用化学品微生物检验

项目导学

　　"爱美之心，人皆有之"，人类对美化自身的化妆品自古以来就在不断追求。化妆品具有清洁、保养、美容、修饰、改变外观和修正人体气味的功效，使人保持良好状态，让人自信地直观展现自己的精神素养，提升个人魅力。化妆品已经成为人们日常生活中不可缺少的一部分，几乎每天都用，因此化妆品的质量直接关系着人们的健康。企业在生产化妆品时必须要严格按照国家标准进行检验。本项目介绍化妆品的微生物检验技术。

学习目标

认知目标

1. 会查阅化妆品微生物检验相关标准；

2. 能准确叙述微生物的相关危害；

3. 能叙述化妆品中微生物检验的原理；

4. 会开展化妆品的微生物检验。

情感目标

1. 激发学生对微生物检验技术的兴趣；

2. 使学生树立严谨科学的实验态度；

3. 培养学生的小组合作团队精神。

技能目标

1. 学会润面霜中菌落总数的测定；
2. 学会洗面乳中耐热大肠菌群的测定；
3. 学会洗发液中铜绿假单胞菌的测定；
4. 学会沐浴露中金黄色葡萄球菌的测定；
5. 学会口红中霉菌和酵母菌总数的测定。

知识准备

一、微生物

微生物（microorganism），一般是指一切肉眼看不见或看不清的微小生物，个体微小，结构简单，通常要用光学显微镜和电子显微镜才能看清楚。微生物包括细菌、病毒、霉菌、酵母菌等，与人类生活密切相关，广泛涉及健康、医药、工农业、环保等诸多领域。大部分微生物对人类有益，比如利用微生物可以为人类生产抗生素、酒、面包，还可以利用微生物进行废物处理，以保护环境及产生沼气等清洁能源。不过，微生物也会对人类产生危害。比如酵母菌酒精发酵腐烂、霉菌霉变腐烂，危害更大的如霍乱弧菌、艾滋病病毒、金黄色葡萄球菌、大肠杆菌、铜绿假单胞菌等。

二、金黄色葡萄球菌

金黄色葡萄球菌（*Staphylococcus aureus*）是人类的一种重要病原菌，隶属于葡萄球菌属（*Staphylococcus*），有"嗜肉菌"的别称，是革兰氏阳性菌的代表，可引起许多种严重感染。金黄色葡萄球菌营养要求不高，在普通培养基上生长良好，需氧或兼性厌氧，最适生长温度 37℃，最适生长 pH 7.4。平板上菌落厚、有光泽、圆形凸起，直径 1～2mm。血平板菌落周围形成透明的溶血环。金黄色葡萄球菌有高度的耐盐性，可在 10%～15% NaCl 肉汤中生长，可分解葡萄糖、麦芽糖、乳糖、蔗糖，产酸不产气。金黄色葡萄球菌是人类化脓感染中最常见的病原菌，可引起局部化脓感染，也可引起肺炎、伪膜性肠炎、心包炎等，甚至造成败血症、脓毒症等全身感染。金黄色葡萄球菌见图 5-1。

三、铜绿假单胞菌

铜绿假单胞菌（*P. Aeruginosa*）原称绿脓杆菌，在自然界分布广泛，为土壤

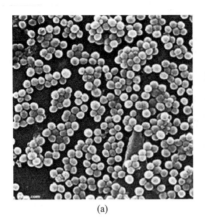
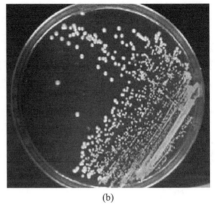

(a)   (b)

图 5-1　金黄色葡萄球菌

中存在的最常见细菌之一。水、空气及正常人的皮肤、呼吸道和肠道等都有该菌存在。该菌存在的重要条件是潮湿的环境。铜绿假单胞菌产物具有致病性，其内毒素可引起脓毒综合征或系统炎症反应综合征（SIRS），其分泌的外毒素 A（Exo A）是最重要的致病、致死性物质，可使哺乳动物的蛋白合成受阻并引起组织坏死，造成局部或全身发生疾病，可使动物出现肝细胞坏死、肺出血、肾坏死、休克、肝功能损伤、黄疸等。

四、大肠杆菌

大肠埃希氏菌（$E.\ coli$）通常被称为大肠杆菌，是 Escherich 在 1885 年发现的，其在相当长的一段时间内，一直被当作正常肠道菌群的组成部分，认为是非致病菌。直到 20 世纪中叶，人们才认识到一些特殊血清型的大肠杆菌对人和动物有病原性，尤其对婴儿和幼畜（禽），常引起严重腹泻和败血症。肠毒素是肠产毒性大肠杆菌在生长繁殖过程中释放的外毒素，分为耐热和不耐热两种。不耐热肠毒素（LT）对热不稳定，65℃经 30min 即失活。耐热肠毒素（ST）对热稳定，100℃经 20min 仍不被破坏，分子量小，免疫原性弱。ST 可激活小肠上皮细胞的鸟苷酸环化酶，使胞内 cGMP 增加，在空肠部分改变液体的运转，使肠腔积液而引起腹泻。

五、化妆品中微生物指标限值

化妆品中也存在微生物，如果不对其进行检查，有可能给人类健康带来不可挽回的伤害，《化妆品安全技术规范》（2015 版）、《化妆品卫生规范》

（2007 版）、《化妆品卫生标准》（GB 7916—87）对化妆品中的微生物指标限值都作了规定，具体见表 5-1。

表 5-1　化妆品中微生物指标限值

微生物指标	限值	备注
菌落总数/(CFU/g)(或 CFU/mL)	≤500	眼部化妆品、口唇化妆品和儿童化妆品
	≤1000	其他化妆品
霉菌和酵母菌总数/(CFU/g)(或 CFU/mL)	≤100	
耐热大肠菌群/g(或 mL)	不得检出	
金黄色葡萄球菌/g(或 mL)	不得检出	
铜绿假单胞菌/g(或 mL)	不得检出	

任务一　润面霜中菌落总数的测定

教学目标

1. 能叙述润面霜中菌落总数测定的原理；
2. 学会菌落总数的检测方法，能检测润面霜的菌落总数；
3. 学会菌落总数的计算，并报告菌落总数。

任务介绍（任务描述）

菌落总数是指化妆品检样经过处理，在一定条件下（如培养基、培养温度和培养时间等）培养后，所得 1g（1mL）检样中所含菌落的总数。所得结果只包括一群符合《化妆品安全技术规范》（2015 版）规定的条件下生长的嗜中温的需氧性和兼性厌氧菌落总数。测定菌落总数便于判明样品被细菌污染的程度，是对样品进行卫生学总评价的综合依据。

任务解析

润面霜中菌落总数测定的分析技术主要依据国家食品药品监督管理总局

颁布的《化妆品安全技术规范》（2015 版），卫生部颁布的《化妆品卫生规范》（2007 版）和《化妆品卫生标准》（GB 7916—87）对其测定具有辅助作用。

任务实施

课前任务

一、仪器与试剂

1. 仪器和设备

锥形瓶（250mL）、量筒（200mL）、研钵、pH 计（或精密 pH 试纸）、高压灭菌器、试管（18mm×150mm）、灭菌平皿（直径 90mm）、灭菌刻度吸管（10mL、1mL）、酒精灯、恒温培养箱[(36±1)℃]、放大镜、恒温水浴箱[(55±1)℃]。

2. 培养基、试剂和样品

（1）生理盐水　称取氯化钠 8.5g，加蒸馏水至 1000mL 溶解后，分装到加玻璃珠的锥形瓶内，每瓶 90mL，121℃高压灭菌 20min。

（2）卵磷脂-吐温 80 营养琼脂培养基

① 成分　蛋白胨 20g，牛肉膏 3g，氯化钠 5g，琼脂 15g，卵磷脂 1g，吐温 80 7g，蒸馏水 1000mL。

② 制法　先将卵磷脂加到少量蒸馏水中，加热溶解，加入吐温 80，将其他成分（除琼脂外）加到其余的蒸馏水中，溶解。加入已溶解的卵磷脂、吐温 80，混匀，调 pH 值为 7.1～7.4，加入琼脂，121℃高压灭菌 20min，储存于冷暗处备用。

（3）0.5％氯化三苯四氮唑（2,3,5-triphenyl terazolium chloride，TTC）　称取 TTC 0.5g，加入蒸馏水 100mL，溶解后过滤，于 115℃高压灭菌 20min，装于棕色试剂瓶，置 4℃冰箱备用。

（4）样品　润面霜。

二、实验步骤

1. 样品的预处理

（1）亲水性的样品　称取待检测样品 10g，加入装有玻璃珠及 90mL 灭菌生理盐水的锥形瓶中，充分振荡混匀，静置 15min，用其上层清液作为 1∶10 的检液。

（2）疏水性样品　称取 10g，置于灭菌的研钵中，加 10mL 灭菌液体石蜡，研磨成黏稠状，再加入 10mL 灭菌吐温 80，研磨待溶解后，加 70mL 灭菌生理盐水，在 40～44℃ 水浴中充分混合，制成 1∶10 的检液。

2. 操作步骤

（1）用灭菌吸管吸取 1∶10 稀释的检液 2mL，分别注入两个灭菌平皿内，每皿 1mL。另取 1mL 注入到 9mL 灭菌生理盐水试管中（注意勿使吸管接触液面），更换一支吸管，并充分混匀，制成 1∶100 的检液。吸取 2mL，分别注入两个灭菌平皿内，每皿 1mL。如样品含菌量高，还可再稀释成 1∶1000、1∶10000 等，每个稀释度应换 1 支吸管。

（2）将融化并冷至 45～50℃ 的卵磷脂-吐温 80 营养琼脂培养基倾注到平皿内，每皿约 15mL，随即转动平皿，使样品与培养基充分混合均匀，待琼脂凝固后，翻转平皿，置(36±1)℃ 培养箱内培养(48±2)h。另取一个不加样品的灭菌空平皿，加入约 15mL 卵磷脂-吐温 80 营养琼脂培养基，待琼脂凝固后，翻转平皿，置(36±1)℃ 培养箱内培养(48±2)h，作为空白对照。

（3）为便于区别化妆品中的颗粒与菌落，可在每 100mL 卵磷脂-吐温 80 营养琼脂-中加入 1mL 0.5% 的 TTC 溶液，如有细菌存在，培养后菌落呈红色，而化妆品的颗粒颜色无变化。

三、实验操作综合描述

请根据上述实验步骤描述，设计实验操作流程示意图，展示整个实验操作的指导图示。

课堂任务

一、数据记录与结果计算

润面霜中细菌的菌落总数检测数据记录见表 5-2。

表 5-2 润面霜中细菌的菌落总数检测

测定结果	空白实验				
	稀释度				
	润面霜中细菌的菌落总数/ (CFU/mL)(或 CFU/g)	平行实验 1			
		平行实验 2			
	平均值/(CFU/mL)(或 CFU/g)				
	计算方法				
	计算结果/(CFU/mL)(或 CFU/g)				
	结果报告/(CFU/mL)(或 CFU/g)				
产品合格指标				结果判断	

二、任务评价

任务评价见表 5-3。

表 5-3 任务评价

评价项目	评价标准	评价方式			权重	得分小计	总分
		自我评价	小组评价	教师评价			
		10	20	70			
课前学习	1. 对本任务内容进行课前预习,了解基本的学习内容知识。 2. 完成相关的知识点内容填写				30		
职业素质	1. 遵守实验室管理规定,严格操作程序。 2. 按时完成学习任务。 3. 学习积极主动、勤学好问				10		
专业能力	1. 知道润面霜中细菌的菌落总数的检测方法。 2. 能正确、规范地进行实验操作。 3. 实验结果准确,且精确度高				50		
协作能力	在团队中所起的作用,团队合作的意识				10		
教师综合评价							

课后任务

一、思考练习

如果空白实验有菌落长出，得出的实验数据可靠吗？为什么？

二、综合拓展

1. 菌落总数测定中，如何才能保证无杂菌污染？

2. 如果某次测定实验中，稀释度为 10^0、10^{-1}、10^{-2} 时都无法计数，是否正常？

3. 什么情况下，菌落总数的报告结果可以为"多不可计"？

相关知识

（1）《化妆品安全技术规范》（2015 版）、卫生部颁布的《化妆品卫生规范》（2007 版）和《化妆品卫生标准》（GB 7916—87）都规定，润面霜的菌落总数≤1000CFU/mL（或 CFU/g）。

（2）菌落计数方法：先用肉眼观察，点数菌落数，然后再用 5～10 倍的放大镜检查，以防遗漏。记下各平皿的菌落数后，求出同一稀释度各平皿生长的平均菌落数。若平皿中有连成片状的菌落或花点样菌落蔓延生长时，该平皿不宜计数（图5-2）。若片状菌落不到平皿中的一半，而其余一半中菌落数分布又很均匀，则可将此半个平皿菌落计数后乘以2，以代表全皿菌落数。

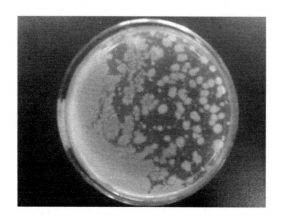

图5-2　菌落总数测定平板结果图例

（3）菌落计数及报告方法：

① 首先选取平均菌落数在30～300的平皿，作为菌落总数测定的范围。当只有一个稀释度的平均菌落数符合此范围时，即以该平皿菌落数乘其稀释倍数报告（见表5-4中例1）。

② 若有两个稀释度，其平均菌落数均在30～300，则应由求出两菌落总数的比值来决定，若其比值小于或等于2，应报告其平均数，若大于2，则以其中稀释度较低的平皿的菌落数报告（见表5-4中例2及例3）。

③ 若所有稀释度的平均菌落数均大于300，则应按稀释度最高的平均菌落数乘以稀释倍数报告（见表5-4中例4）。

④ 若所有稀释度的平均菌落数均小于30，则应按稀释度最低的平均菌落数乘以稀释倍数报告（见表5-4中例5）。

⑤ 若所有稀释度的平均菌落数均不在30～300，其中一个稀释度大于300，而相邻的另一稀释度小于30时，则以接近30或300的平均菌落数乘以稀释倍数报告（见表5-4中例6）。

⑥ 若所有的稀释度均无菌生长，报告数为每克或每毫升小于10CFU（见表5-4中例7）。

⑦ 菌落计数的报告，当菌落数在 10 以内时，按实有数值报告，大于 100 时，采用二位有效数字，在二位有效数字后面的数值，应以四舍五入法计算。为了缩短数字后面零的个数，可用 10 的指数来表示（见表 5-4 报告方式栏）。在报告菌落数为"不可计"时，应注明样品的稀释度。

表 5-4　细菌计数结果及报告方式

例	不同稀释度平均菌落数			两稀释度菌数之比	菌落总数/(CFU/mL)（或 CFU/g）	报告方式/(CFU/mL)（或 CFU/g）
	10^{-1}	10^{-2}	10^{-3}			
1	1365	164	20	—	16400	16000 或 1.6×10^4
2	2760	295	46	1.6	38000	38000 或 3.8×10^4
3	2890	271	60	2.2	27100	27000 或 2.7×10^4
4	不可计	4650	513	—	513000	510000 或 5.1×10^5
5	27	11	5	—	270	270 或 2.7×10^2
6	不可计	305	12	—	30500	31000 或 3.1×10^4
7	0	0	0	—	$<1 \times 10$	<10

注：CFU 为菌落形成单位，按质量取样的样品以 CFU/g 为单位报告，按体积取样的样品以 CFU/mL 为单位报告。

任务二　洗面乳中耐热大肠菌群的测定

教学目标

1. 能叙述洗面乳中耐热大肠菌群测定的原理；
2. 学会耐热大肠菌群的检测方法，能检测洗面乳中的耐热大肠菌群数；
3. 学会填写耐热大肠菌群的结果报告并对其进行判定。

任务介绍（任务描述）

耐热大肠菌群（*Thermotolerant coliform bacteria*）系一群需氧及兼性厌氧革兰氏阴性无芽孢杆菌，在 44.5℃培养 24～48h 能发酵乳糖产酸并产气。该菌主要来自人和温血动物粪便，可作为粪便污染指标来评价化妆品的卫生质量，推断化妆品中有无污染肠道致病菌的可能。该菌是重要的卫生指示菌。

任务解析

洗面乳中耐热大肠菌群测定的分析技术主要依据国家食品药品监督管理总局颁布的《化妆品安全技术规范》（2015 版），卫生部颁布的《化妆品卫生规范》（2007 版）和《化妆品卫生标准》（GB 7916—87）对其测定具有辅助作用。

任务实施

课前任务

一、仪器与试剂

（一）仪器与设备

恒温水浴箱或隔水式恒温箱[（44.5±0.5)℃]、温度计、显微镜、载玻片、接种环、电磁炉、锥形瓶（250mL）、试管（18mm×150mm）、小导管、pH 计或 pH 试纸、高压灭菌器、灭菌刻度吸管（10mL、1mL）、灭菌平皿（直径 90mm）、天平。

（二）培养基、试剂和样品

1. 双倍乳糖胆盐（含中和剂）培养基

（1）成分　蛋白胨 40g，猪胆盐 10g，乳糖 10g，0.4%溴甲酚紫水溶液 5mL，卵磷脂 2g，吐温 80 14g，蒸馏水 1000mL。

（2）制法　将卵磷脂、吐温 80 溶解到少量蒸馏水中。将蛋白胨、猪胆盐及乳糖溶解到其余的蒸馏水中，一起混匀，调 pH 值到 7.4，加入 0.4%溴甲酚紫水溶液，混匀，分装试管，每管 10mL（每支试管中加一个小导管），115℃高压灭菌 20min。

2. 伊红美兰（EMB）琼脂

（1）成分　蛋白胨 10g，乳糖 10g，磷酸氢二钾 2g，琼脂 20g，2%伊红水溶液 20mL，0.5%美蓝水溶液 13mL，蒸馏水 1000mL。

（2）制法　先将琼脂加入 900mL 蒸馏水中，加热溶解，然后加入磷酸氢二钾蛋白胨，混匀，使之溶解，再以蒸馏水补足至 1000mL，校正 pH 值为 7.2～7.4，分装于锥形瓶内，121℃高压灭菌 15min 备用。临用时加入乳糖并加热融化琼脂。冷至 60℃ 左右无菌操作加入灭菌的伊红美蓝溶液，摇匀，倾注平皿备用。

3. 蛋白胨水（做靛基质实验用）

（1）成分　蛋白胨（或胰蛋白胨）20g，氯化钠 5g，蒸馏水 1000mL。

（2）制法　将上述成分加热融化，调 pH 值为 7.0～7.2，分装小试管，121℃ 高压灭菌 15min。

4. 靛基质试剂

（1）柯凡克试剂　将 5g 对二甲氨基苯甲醛溶解于 75mL 戊醇中，然后缓慢加入浓盐酸 25mL。

（2）实验方法　接种细菌于蛋白胨水中，于(44.5±0.5)℃培养(24±2)h。沿管壁加柯凡克试剂 0.3～0.5mL，轻摇试管，阳性者于试剂层显深玫瑰红色。

注意：蛋白胨应含有丰富的色氨酸，每批蛋白胨买来后，应先用已知菌种鉴定后方可使用。

5. 革兰氏染色液

（1）染液制备

① 结晶紫染色液　称取结晶紫 1g 溶于 20mL 95％乙醇中，然后再与 80mL 1％草酸铵水溶液混合。

② 革兰氏碘液　先将 1g 碘和 2g 碘化钾进行混合，加入蒸馏水少许，充分振摇，待完全溶解后，再加蒸馏水至 300mL。

③ 脱色液　95％乙醇。

④ 复染液

a. 沙黄复染液　将 0.25g 沙黄溶于 10mL 95％乙醇中，然后用 90mL 蒸馏水稀释。

b. 稀石炭酸复红液　称取碱性复红 10g，研细，加 95％乙醇 100mL，放置过夜，用滤纸过滤。取该液 10mL，加 5％石炭酸水溶液 90mL 混合，即为石炭酸复红液。再取此液 10mL，加水 90mL，即为稀石炭酸复红液。

（2）染色法

① 将涂片在火焰上固定，滴加结晶紫染色液，染 1min，水洗。

② 滴加革兰氏碘液，作用 1min，水洗。

③ 滴加 95％乙醇脱色，约 30s，或将乙醇滴满整个涂片，立即倾去，再用乙醇滴满整个涂片，脱色 10s，水洗。

④ 滴加复染液，复染 1min，水洗，待干，镜检。

（3）染色结果　革兰氏阳性菌呈紫色，革兰氏阴性菌呈红色。

注意：如用 1∶10 稀释石炭酸复红染色液作复染，复染时间仅需 10s。

6. 样品

洗面乳。

二、实验步骤

1. 样品的预处理

（1）亲水性的样品　称取待检测样品 10g，加入装有玻璃珠及 90mL 灭菌生理盐水的锥形瓶中，充分振荡混匀，静置 15min。用其上清液作为 1∶10 的检液。

（2）疏水性样品　称取 10g，置于灭菌的研钵中，加 10mL 灭菌液体石蜡，研磨成黏稠状，再加入 10mL 灭菌吐温 80，研磨待溶解后，加 70mL 灭菌生理盐水，在 40～44℃水浴中充分混合，制成 1∶10 检液。

2. 操作步骤

（1）取 10mL 1∶10 稀释的检液，加入 10mL 双倍乳糖胆盐（含中和剂）培养基中，置于(44.5±0.5)℃培养箱中培养 24h，如既不产酸又不产气，继续培养至 48h，如仍既不产酸又不产气，则报告为耐热大肠菌群阴性。

（2）如产酸产气，划线接种到伊红美蓝琼脂平板上，置于(36±1)℃培养箱中培养(18～24)h。同时，取该培养液 1～2 滴接种到蛋白胨水中，置于(44.5±0.5)℃培养箱中培养(24±2)h。经培养后，在上述平板上观察有无典型菌落生长。耐热大肠菌群在伊红美蓝琼脂培养基上的典型菌落呈深紫黑色，圆形，边缘整齐，表面光滑湿润，常具有金属光泽。也有的呈紫黑色，不带或略带金属光泽，或粉紫色，中心较深的菌落亦常为耐热大肠菌群，应注意挑选。

（3）挑取上述可疑菌落，涂片做革兰氏染色镜检。

（4）在蛋白胨水培养液中，加入靛基质试剂约 0.5mL，观察靛基质反应。阳性者液面呈玫瑰红色，阴性者液面呈试剂本色。

3. 检验结果报告

根据发酵乳糖产酸产气，平板上有典型菌落，并经证实为革兰氏阴性短杆菌，靛基质实验阳性，则可报告被检样品中检出耐热大肠菌群。

三、实验操作综合描述

请根据上述实验步骤描述，设计实验操作流程示意图，展示整个实验操作的指导图示。

课堂任务

一、数据记录与结果计算

洗面奶中耐热大肠菌群测定数据记录见表 5-5。

表 5-5　洗面奶中耐热大肠菌群测定

实验	乳酸发酵实验	革兰氏镜检实验	靛基质实验
实验现象			
实验结果（阴性/阳性）			
产品合格指标		结果判断	

二、任务评价

任务评价见表 5-6。

表 5-6　任务评价

评价项目	评价标准	评价方式			权重	得分小计	总分
		自我评价	小组评价	教师评价			
		10	20	70			
课前学习	1. 对本任务内容进行课前预习，了解基本的学习内容知识。 2. 完成相关的知识点内容填写				30		

评价项目	评价标准	评价方式			权重	得分小计	总分
		自我评价	小组评价	教师评价			
		10	20	70			
职业素质	1. 遵守实验室管理规定,严格操作程序。 2. 按时完成学习任务。 3. 学习积极主动、勤学好问				10		
专业能力	1. 知道洗面奶中耐热大肠菌群的检测方法。 2. 能正确、规范地进行实验操作。 3. 实验结果准确,且精确度高				50		
协作能力	在团队中所起的作用,团队合作的意识				10		
教师综合评价							

课后任务

一、思考练习

测定耐热大肠菌群有什么意义?

二、综合拓展

1. 耐热大肠菌群测定中,如何才能保证无杂菌污染?

2. 革兰氏染色最关键的操作步骤是什么?一般挑菌多少合适?怎么把控?

3. 在耐热大肠菌群测定过程中,如何判断乳酸发酵时产酸产气?如果乳酸发酵时产酸产气了,是否意味着一定是耐热大肠菌群阳性,为什么?

《化妆品安全技术规范》（2015 版）、卫生部颁布的《化妆品卫生规范》（2007 版）和《化妆品卫生标准》（GB 7916—87）都规定，洗面奶的耐热大肠菌群（单位为 CFU/mL 或 CFU/g）不得检出。

任务三　洗发液中铜绿假单胞菌的测定

教学目标

1. 能叙述洗发液中铜绿假单胞菌的测定原理；
2. 学会铜绿假单胞菌的检测方法，能检测洗发液中铜绿假单胞菌数；
3. 学会填写铜绿假单胞菌的结果报告并对其进行判定。

任务介绍（任务描述）

铜绿假单胞菌（*Pseudomonas aeruginosa*）属于假单胞菌属，为革兰氏阴性杆菌，氧化酶阳性，能产生绿脓菌素。此外，还能液化明胶，还原硝酸盐为亚硝酸盐，在（42±1）℃条件下能生长。该菌是致病菌，对人有致病力，可使受伤处化脓，引起败血症等。

任务解析

洗发液中铜绿假单胞菌测定的分析技术主要依据国家食品药品监督管理总局颁布的《化妆品安全技术规范》（2015 版），卫生部颁布的《化妆品卫生规范》（2007 版）和《化妆品卫生标准》（GB 7916—87）对其测定具有辅助作用。

任务实施

课前任务

一、仪器与试剂

1. 仪器和设备

恒温培养箱 [（36±1）℃、（42±1）℃]、锥形瓶（250mL）、试管（18mm×

150mm)、灭菌平皿（直径 90mm）、灭菌刻度吸管（10mL、1mL）、显微镜、载玻片、天平、接种针、接种环、电磁炉、高压灭菌器、恒温水浴箱。

2. 培养基、试剂和样品

（1）SCDLP（soya casein digest lecithin polysorbate broth）液体培养基

① 成分 酪蛋白胨（如无酪蛋白胨，可用多胨代替）17g，大豆蛋白胨（如无大豆蛋白胨，可用多胨代替）3g，氯化钠 5g，磷酸氢二钾 2.5g，葡萄糖 2.5g，卵磷脂 1g，吐温 80 7g，蒸馏水 1000mL。

② 制法 先将卵磷脂在少量蒸馏水中加热溶解后，再与其他成分混合，加热溶解，调 pH 值为 7.2～7.3 分装，每瓶 90mL，121℃高压灭菌 20min。注意振荡，使沉淀于底层的吐温 80 充分混合，冷却至 25℃左右使用。

（2）十六烷基三甲基溴化铵培养基

① 成分 牛肉膏 3g，蛋白胨 10g，氯化钠 5g，十六烷基三甲基溴化铵 0.3g，琼脂 20g，蒸馏水 1000mL。

② 制法 除琼脂外，将上述成分混合加热溶解，调 pH 值为 7.4～7.6，加入琼脂，115℃高压灭菌 20min 后，制成平板备用。

（3）乙酰胺培养基

① 成分 乙酰胺 10.0g，氯化钠 5.0g，无水磷酸氢二钾 1.39g，无水磷酸二氢钾 0.73g，硫酸镁（$MgSO_4 \cdot 7H_2O$）0.5g，酚红 0.012g，琼脂 20g，蒸馏水 1000mL。

② 制法 除琼脂和酚红外，将其他成分加到蒸馏水中，加热溶解，调 pH 值为 7.2，加入琼脂、酚红，121℃高压灭菌 20min 后，制成平板备用。

（4）绿脓菌素测定用培养基

① 成分 蛋白胨 20g，氯化镁 1.4g，硫酸钾 10g，琼脂 18g，甘油（化学纯）10g，蒸馏水 1000mL。

② 制法 将蛋白胨、氯化镁和硫酸钾加到蒸馏水中，加热使其溶解，调 pH 值至 7.4，加入琼脂和甘油，加热溶解，分装于试管内，115℃高压灭菌 20min 后，制成斜面备用。

（5）明胶培养基

① 成分 牛肉膏 3g，蛋白胨 5g，明胶 120g，蒸馏水 1000mL。

② 制法 取各成分加入蒸馏水中浸泡 20min，随时搅拌加热使之溶解，调 pH 值至 7.4，分装于试管内，经 115℃高压灭菌 20min 后，直立制成高层备用。

（6）硝酸盐蛋白胨水培养基

① 成分　蛋白胨 10g，酵母浸膏 3g，硝酸钾 2g，亚硝酸钠 0.5g，蒸馏水 1000mL。

② 制法　将蛋白胨和酵母浸膏加入蒸馏水中，加热使之溶解，调 pH 值为 7.2，煮沸过滤后补足液量，加入硝酸钾和亚硝酸钠，溶解混匀，分装到加有小导管的试管中，115℃高压灭菌 20min 后备用。

（7）普通琼脂斜面培养基

① 成分　蛋白胨 10g，牛肉膏 3g，氯化钠 5g，琼脂 15g，蒸馏水 1000mL。

② 制法　除琼脂外，将其余成分溶解于蒸馏水中，调 pH 值为 7.2～7.4，加入琼脂，加热溶解，分装试管，121℃高压灭菌 20min 后，制成斜面备用。

（8）样品　洗发液。

二、实验步骤

1. 样品的预处理

（1）水溶性的液体样品　用灭菌吸管吸取 10mL 样品加入 90mL 灭菌生理盐水中，混匀后，制成 1∶10 检液。

（2）油性液体样品　取样品 10g，先加 5mL 灭菌液体石蜡混匀，再加 10mL 灭菌的吐温 80，在 40～44℃水浴中振荡混合 10min，加入灭菌的生理盐水 75mL（在 40～44℃水浴中预热），在 40～44℃水浴中乳化，制成 1∶10 的悬液。

2. 操作步骤

（1）增菌培养　取 1∶10 样品稀释液 10mL 加入 90mL SCDLP 液体培养基中，置于（36±1）℃培养箱中培养 18～24h。如有铜绿假单胞菌生长，培养液表面多一层薄菌膜，培养液常呈黄绿色或蓝绿色。

（2）分离培养　从培养液的薄膜处挑取培养物，划线接种在十六烷三甲基溴化铵琼脂平板上，置于（36±1）℃培养箱中培养 18～24h。凡铜绿假单胞菌在此培养基上，其菌落扁平无定形，向周边扩散或略有蔓延，表面湿润，菌落呈灰白色，菌落周围培养基常扩散有水溶性色素。在缺乏十六烷三甲基溴化铵琼脂时也可用乙酰胺培养基进行分离，将菌液划线接种于平板上，置于（36±1）℃培养箱中培养（24±2）h，铜绿假单胞菌在此培养基上生长良好，菌落扁平，边缘不整，菌落周围培养基呈红色，其他菌不生长。

（3）革兰氏染色镜检　挑取可疑的菌落，涂片，革兰氏染色，镜检为革兰氏阴性者应进行氧化酶实验。

（4）氧化酶实验　取一小块洁净的白色滤纸片置于灭菌平皿内，用无菌玻璃棒挑取铜绿假单胞菌可疑菌落涂在滤纸片上，然后在其上滴加一滴新配制的1%二甲基对苯二胺试液，在15～30s内，出现粉红色或紫红色时，为氧化酶实验阳性，若培养物不变色，为氧化酶实验阴性。

（5）绿脓菌素实验　取可疑菌落2～3个，分别接种在绿脓菌素测定培养基上，置于（36±1）℃培养箱中培养（24±2）h，加入氯仿3～5mL，充分振荡使培养物中的绿脓菌素溶解于氯仿液内，待氯仿提取液呈蓝色时，用吸管将氯仿移到另一试管中并加入1mol/L的盐酸1mL左右，振荡后，静置片刻。如上层盐酸液内出现粉红色到紫红色时为阳性，表示被检物中有绿脓菌素存在。

（6）硝酸盐还原产气实验　挑取可疑的铜绿假单胞菌纯培养物，接种在硝酸盐陈水培养基中，置于（36±1）℃培养箱中培养（24±2）h，观察结果。凡在硝酸盐陈水培养基内的小导管中有气体者，即为阳性，表明该菌能还原硝酸盐，并将亚硝酸盐分解产生氮气。

（7）明胶液化实验　取铜绿假单胞菌可疑菌落的纯培养物，穿刺接种在明胶培养基内，置于（36±1）℃培养箱中培养（24±2）h，取出放置于（4±2）℃冰箱10～30min，如仍呈溶解状，或表面溶解时即为明胶液化实验阳性，如凝固不溶则为阴性。

（8）42℃生长实验　挑取可疑的铜绿假单胞菌纯培养物，接种在普通琼脂斜面培养基上，置于（42±1）℃培养箱中，培养24～48h，铜绿假单胞菌能生长，为阳性，而近似的荧光假单胞菌则不能生长。

3. 检验结果报告

被检样品经增菌分离培养后，经证实为革兰氏阴性菌，氧化酶及绿脓菌素实验皆为阳性者，即可报告被检样品中检出铜绿假单胞菌。如绿脓菌素实验阴性，而液化明胶、硝酸盐还原产气和42℃生长实验三者皆为阳性时，仍可报告被检样品中检出铜绿假单胞菌。

三、实验操作综合描述

请根据上述实验步骤描述，设计实验操作流程示意图，展示整个实验操作的指导图示。

课堂任务

一、数据记录与结果计算

洗发液的铜绿假单胞菌测定数据记录见表 5-7。

表 5-7 洗发液的铜绿假单胞菌测定

实验	革兰氏镜检实验	氧化酶实验	绿脓菌素实验	硝酸盐还原产气实验	明胶液化实验	42℃生长实验
实验现象						
实验结果（阴性/阳性）						
产品合格指标				结果判断		

二、任务评价

任务评价见表 5-8。

表 5-8 任务评价

评价项目	评价标准	评价方式 自我评价 10	小组评价 20	教师评价 70	权重	得分小计	总分
课前学习	1. 对本任务内容进行课前预习,了解基本的学习内容知识。 2. 完成相关的知识点内容填写				30		
职业素质	1. 遵守实验室管理规定,严格操作程序。 2. 按时完成学习任务。 3. 学习积极主动,勤学好问				10		
专业能力	1. 知道洗发液的铜绿假单胞菌的检测方法。 2. 能正确、规范地进行实验操作。 3. 实验结果准确,且精确度高				50		
协作能力	在团队中所起的作用,团队合作的意识				10		
教师综合评价							

课后任务

一、思考练习

1. 测定铜绿假单胞菌有什么意义？

2. 铜绿假单胞菌给人类带来哪些危害？

二、综合拓展

1. 铜绿假单胞菌测定中，如何才能保证无杂菌污染？

2. 检测时的样品预处理非常关键，如果检测润面霜时怎样对样品进行预处理？

3. 当革兰氏镜检结果为阴性菌，氧化酶实验结果为阳性，绿脓菌素实验结果为阴性时，可否马上报告被检样品中检出铜绿假单胞菌？如果不能马上报告，应该怎么做才能准确报告？

相关知识

《化妆品安全技术规范》（2015 版）、卫生部颁布的《化妆品卫生规范》（2007 版）和《化妆品卫生标准》（GB 7916—87）都规定，洗发液的铜绿假单细胞菌（单位为 CFU/mL 或 CFU/g）不得检出。

任务四　沐浴露中金黄色葡萄球菌的测定

教学目标

1. 能叙述沐浴露中金黄色葡萄球菌的测定原理；

2. 学会金黄色葡萄球菌的检测方法，能检测沐浴露中金黄色葡萄球菌数；

3. 学会填写金黄色葡萄球菌的结果报告并对其进行判定。

任务介绍（任务描述）

金黄色葡萄球菌（*Staphylococcus aureus*）为革兰氏阳性菌，呈葡萄状排列，无芽孢，无荚膜，能分解甘露醇，血浆凝固酶呈阳性。该菌是致病菌，是对人类致病力最强的一种，能引起人体局部化脓性病灶，严重时可导致败血症。

任务解析

沐浴露中金黄色葡萄球菌测定的分析技术主要依据国家食品药品监督管理总局颁布的《化妆品安全技术规范》（2015 版），卫生部颁布的《化妆品卫生规范》（2007 版）和《化妆品卫生标准》（GB 7916—87）对其测定具有辅助作用。

任务实施

课前任务

一、仪器与试剂

1. 仪器与设备

显微镜、恒温培养箱 [(36±1)℃]、离心机、灭菌刻度吸管（10mL、1mL）、试管（18mm×150mm）、载玻片、酒精灯、锥形瓶（250mL）、高压灭菌器、恒温水浴箱。

2. 培养基、试剂和样品

（1）SCDLP（soya casein digest lecithin polysorbate broth）液体培养基

① 成分　酪蛋白胨（如无酪蛋白胨，可用多胨代替）17g，大豆蛋白胨（如无大豆蛋白胨，可用多胨代替）3g，氯化钠 5g，磷酸氢二钾 2.5g，葡萄糖 2.5g，卵磷脂 1g，吐温 80 7g，蒸馏水 1000mL。

② 制法　先将卵磷脂在少量蒸馏水中加热溶解后，再与其他成分混合，加热溶解，调 pH 值为 7.2～7.3 分装，每瓶 90mL，121℃高压灭菌 20min。注意振荡，使沉淀于底层的吐温 80 充分混合，冷却至 25℃左右使用。

（2）营养肉汤

① 成分　蛋白胨 10g，牛肉膏 3g，氯化钠 5g，蒸馏水加至 1000mL。

② 制法　将上述成分加热溶解，调 pH 值为 7.4 分装，121℃高压灭菌 15min。

（3）7.5％的氯化钠肉汤

① 成分　蛋白胨 10g，牛肉膏 3g，氯化钠 75g，蒸馏水加至 1000mL。

② 制法　将上述成分加热溶解，调 pH 值为 7.4，分装，121℃高压灭菌 15min。

（4）Baird-Parker 平板

① 成分　胰蛋白胨 10g，牛肉膏 5g，酵母浸膏 1g，丙酮酸钠 10g，甘氨酸 12g，氯化锂（LiCl·6H$_2$O）5g，琼脂 20g，蒸馏水 950mL，pH7.0±0.2。

② 增菌剂的配制　30％卵黄盐水 50mL 与除菌过滤的 1％亚碲酸钾溶液 10mL 混合，保存于冰箱内。

③ 制法　将各成分加入蒸馏水中，加热煮沸完全溶解，冷至（25±1）℃校正 pH 值至 7.0±0.2。分装，每瓶 95mL，121℃高压灭菌 15min。临用时加热融化琼脂，每 95mL 加入预热至 50℃左右的卵黄亚碲酸钾增菌剂 5mL，摇匀后倾注平板。培养基应是致密不透明的，使用前在冰箱中储存不得超过（48±2）h。

（5）血琼脂培养基

① 成分　营养琼脂 100mL，脱纤维羊血（或兔血）10mL。

② 制法　将营养琼脂加热融化，待冷至 50℃左右无菌操作下加入脱纤维羊血，摇匀，制成平板，置冰箱内备用。

（6）甘露醇发酵培养基

① 成分　蛋白胨 10g，氯化钠 5g，甘露醇 10g，牛肉膏 5g，0.2％麝香草酚蓝溶液 12mL，蒸馏水 1000mL。

② 制法　将蛋白胨、氯化钠、牛肉膏加到蒸馏水中，加热溶解，调 pH7.4，加入甘露醇和指示剂，混匀后分装试管中，68.95kPa（115℃，10lb）20min 灭菌备用。

（7）液体石蜡　制法：取液体石蜡 50mL，121℃高压灭菌 20min。

（8）兔（人）血浆制备　制法：取 3.8％柠檬酸钠溶液，121℃高压灭菌 30min，1 份加兔（人）全血 4 份，混匀静置，2000～3000r/min 离心 3～5min。血球下沉，取上面血浆。

（9）样品　沐浴露。

二、实验步骤

1. 样品的预处理

（1）水溶性的液体样品 用灭菌吸管吸取 10mL 样品加到 90mL 灭菌生理盐水中，混匀后，制成 1∶10 检液。

（2）油性液体样品 取样品 10g，先加 5mL 灭菌液体石蜡混匀，再加 10mL 灭菌的吐温 80，在 40～44℃水浴中振荡混合 10min，加入灭菌的生理盐水 75mL（在 40～44℃水浴中预热），在 40～44℃水浴中乳化，制成 1∶10 的悬液。

2. 操作步骤

（1）增菌培养 取 1∶10 稀释的样品 10mL 接种到 90mL SCDLP 液体培养基中，置于（36±1）℃培养箱中培养（24±2)h。如无此培养基，也可用 7.5％氯化钠肉汤培养。

（2）分离培养 从上述增菌培养液中，取 1～2 接种环，划线接种在 Baird-Parker 平板培养基，如无此培养基，也可划线接种到血琼脂平板，置于（36±1）℃培养箱中培养 48h。在血琼脂平板上菌落呈金黄色，圆形，不透明，表面光滑，周围有溶血圈。在 Baird-Parker 平板培养基上为圆形、光滑、凸起、湿润，颜色呈灰色到黑色，边缘为淡色，周围为一浑浊带，在其外层有一透明带。用接种针接触菌落似有奶油树胶的软度。偶尔会遇到非脂肪溶解的类似菌落，但无浑浊带及透明带。挑取单个菌落分纯在血琼脂平板上，置于（36±1）℃培养箱中培养（24±2)h。

（3）染色镜检 挑取分纯菌落，涂片，进行革兰氏染色，镜检。金黄色葡萄球菌为革兰氏阳性菌，排列成葡萄状，无芽孢，无荚膜，致病性葡萄球菌菌体较小，直径约为 $0.5～1\mu m$。

（4）甘露醇发酵实验 取上述分纯菌落接种到甘露醇发酵培养基中，在培养基液面上加入高度为 2～3mm 的灭菌液体石蜡，置于（36±1）℃培养箱中培养（24±2）h，金黄色葡萄球菌应能发酵甘露醇产酸。

（5）血浆凝固酶实验 吸取 1∶4 新鲜血浆 0.5mL，置于灭菌小试管中，加入待检菌［(24±2)h，即增菌液］肉汤培养物 0.5mL，混匀，置于（36±1）℃恒温箱或恒温水浴中，每 0.5h 观察一次，6h 之内如呈现凝块即为阳性。同时，以已知血浆凝固酶阳性和阴性菌株肉汤培养物及肉汤培养基各 0.5mL，分别加入无菌 1∶4 血浆 0.5mL，混匀，作为对照。

3. 检验结果报告

凡在上述选择平板上有可疑菌落生长，经染色镜检，证明为革兰氏阳性葡萄球菌，并能发酵甘露醇产酸，血浆凝固酶实验阳性者，可报告被检样品检出金黄色葡萄球菌。

三、实验操作综合描述

请根据上述实验步骤描述，设计实验操作流程示意图，展示整个实验操作的指导图示。

课堂任务

一、数据记录与结果计算

沐浴露中金黄色葡萄球菌测定数据记录见表 5-9。

表 5-9　沐浴露中金黄色葡萄球菌测定

实验	革兰氏镜检实验	甘露醇发酵实验	血浆凝固酶实验
实验现象			
实验结果（阴性/阳性）			
产品合格指标		结果判断	

二、任务评价

任务评价见表 5-10。

表 5-10　任务评价

评价项目	评价标准	评价方式			权重	得分小计	总分
		自我评价	小组评价	教师评价			
		10	20	70			
课前学习	1. 对本任务内容进行课前预习，了解基本的学习内容知识。 2. 完成相关的知识点内容填写				30		
职业素质	1. 遵守实验室管理规定，严格操作程序。 2. 按时完成学习任务。 3. 学习积极主动、勤学好问				10		
专业能力	1. 知道沐浴露中金黄色葡萄球菌的检测方法。 2. 能正确、规范地进行实验操作。 3. 实验结果准确，且精确度高				50		
协作能力	在团队中所起的作用,团队合作的意识				10		
教师综合评价							

课后任务

一、思考练习

1. 测定金黄色葡萄球菌有什么意义？

2. 金黄色葡萄球菌给人类带来哪些危害？

二、综合拓展

1. 金黄色葡萄球菌测定中，为什么要增菌？如何保证没有杂菌污染？

2. 培养基准备的时候都需要灭菌，在本实验中灭菌的操作都指出了温度和时间，没有指出具体的压力（或压强），在实际操作中该怎么办？

3. 当革兰氏镜检结果为阳性菌，甘露醇发酵实验时忘记在培养基液面上加入高度为 2～3mm 的灭菌液体石蜡，结果也产气了，血浆凝固酶实验结果为阳性，可否马上报告被检样品中检出金黄色葡萄球菌？为什么？

相关知识

《化妆品安全技术规范》（2015 版）、卫生部颁布的《化妆品卫生规范》（2007 版）和《化妆品卫生标准》（GB 7916—87）都规定，沐浴露中金黄色葡萄球菌（单位为 CFU/mL 或 CFU/g）不得检出。

任务五　口红中霉菌和酵母菌的测定

教学目标

1. 能叙述口红中霉菌和酵母菌的测定原理；
2. 学会霉菌和酵母菌的检测方法，能检测口红中霉菌和酵母菌数；
3. 学会填写霉菌和酵母菌的结果报告并对其进行判定。

任务介绍（任务描述）

霉菌和酵母菌数测定（determination of molds and yeast count）是指化

妆品检样在一定条件下培养后，1g 或 1mL 化妆品中所污染的活的霉菌和酵母菌数量，以判明化妆品被霉菌和酵母菌污染的程度及其一般卫生状况。本任务根据霉菌和酵母菌特有的形态和培养特性，在虎红培养基上，置于 (28 ± 2)℃培养箱中培养 5d，计算所生长的霉菌和酵母菌数。

任务解析

口红中霉菌和酵母菌测定的分析技术主要依据国家食品药品监督管理总局颁布的《化妆品安全技术规范》（2015 版），卫生部颁布的《化妆品卫生规范》（2007 版）和《化妆品卫生标准》（GB 7916—87）对其测定具有辅助作用。

任务实施

课前任务

一、仪器与试剂

1. 仪器和设备

恒温培养箱［(28 ± 2)℃］、振荡器、锥形瓶（250mL）、试管（18mm×150mm）、灭菌平皿（直径 90mm）、灭菌刻度吸管（10mL、1mL）、量筒（200mL）、酒精灯、高压灭菌器、恒温水浴箱。

2. 培养基、试剂和样品

（1）生理盐水　称取氯化钠 8.5g，蒸馏水加至 1000mL 溶解后，分装到加玻璃珠的锥形瓶内，每瓶 90mL，121℃高压灭菌 20min。

（2）虎红（孟加拉红）培养基

① 成分　蛋白胨 5g，葡萄糖 10g，磷酸二氢钾 1g，硫酸镁（$MgSO_4 \cdot 7H_2O$）0.5g，琼脂 20g，1/3000 虎红溶液（四氯四碘荧光素）100mL，蒸馏水加至 1000mL，氯霉素 100mg。

② 制法　将上述各成分（除虎红外）加入蒸馏水中溶解后，再加入虎红溶液。分装后，121℃高压灭菌 20min，另用少量乙醇溶解氯霉素，溶解过滤后加入培养基中，若无氯霉素，使用时每 1000mL 加链霉素 30mg。

（3）样品　口红。

二、实验步骤

1. 样品的预处理（固体样品）

称取待检测样品 10g，加入 90mL 灭菌生理盐水中，充分振荡混匀，使其分散混悬，静置后，取上层清液作为 1∶10 的检液。

使用均质器时，则采用灭菌均质袋。若样品为水溶液的，则称 10g 待检测样品加入 90mL 灭菌生理盐水，均质 1~2min。若样品为疏水性的，则称 10g 样品，加 10mL 灭菌液体石蜡，10mL 吐温 80，70mL 灭菌生理盐水，均质 3~5min。

2. 操作步骤

（1）用灭菌吸管吸取 1∶10 稀释的检液 2mL，分别注入两个灭菌平皿内，每皿 1mL。另取 1mL 注入到 9mL 灭菌生理盐水试管中（注意勿使吸管接触液面），更换一支吸管，并充分混匀，制成 1∶100 检液。吸取 2mL，分别注入两个灭菌平皿内，每皿 1mL。如样品含菌量高，还可再稀释成 1∶1000、1∶10000 等，每个稀释度应换 1 支吸管。

（2）取 1∶10、1∶100、1∶1000 的检液各 1mL 分别注入灭菌平皿内，每个稀释度各用两个平皿，注入约 15mL 融化并冷至（45±1）℃左右的虎红培养基，充分摇匀。凝固后，翻转平板，置（28±2）℃培养 5d，观察并记录。另取一个不加样品的灭菌空平皿，加入约 15mL 虎红培养液，待琼脂凝固后，翻转平皿，置（28±2）℃培养箱内培养 5d，作为空白对照。

三、实验操作综合描述

请根据上述实验步骤描述，设计实验操作流程示意图，展示整个实验操作的指导图示。

课堂任务

一、数据记录与结果计算

口红中霉菌和酵母菌总数测定数据记录见表 5-11。

表 5-11　口红中霉菌和酵母菌总数测定

		空白实验			
测定结果		稀释度			
	霉菌和酵母菌总数/(CFU/mL)（或 CFU/g）	平行实验 1			
		平行实验 2			
	平均值/(CFU/mL)（或 CFU/g）				
	计算方法				
	计算结果/(CFU/mL)（或 CFU/g）				
	结果报告/(CFU/mL)（或 CFU/g）				
产品合格指标		结果判断			

二、任务评价

任务评价见表5-12。

表 5-12　任务评价

评价项目	评价标准	评价方式			权重	得分小计	总分
		自我评价 10	小组评价 20	教师评价 70			
课前学习	1. 对本任务内容进行课前预习,了解基本的学习内容知识。 2. 完成相关的知识点内容填写				30		
职业素质	1.遵守实验室管理规定,严格操作程序。 2.按时完成学习任务。 3.学习积极主动、勤学好问				10		
专业能力	1.知道口红中霉菌和酵母菌总数的检测方法。 2.能正确、规范地进行实验操作。 3.实验结果准确,且精确度高				50		
协作能力	在团队中所起的作用,团队合作的意识				10		
教师综合评价							

课后任务

一、思考练习

测定霉菌和酵母菌总数有什么意义?

二、综合拓展

1. 如果某次测定实验中,稀释度为 10^{-2}、10^{-3}、10^{-4} 时都没有菌落生成,是否正常?

2. 霉菌和酵母菌的菌落特征分别是什么?

3. 霉菌和酵母菌的最适生长温度是多少?

4. 霉菌和酵母菌会污染化妆品,导致其质量不合格,但是日常生活中霉菌和酵母菌给人类带来了诸多好处,试着举例说明。

相关知识

(1)《化妆品安全技术规范》(2015 版)、卫生部颁布的《化妆品卫生规范》(2007 版)和《化妆品卫生标准》(GB 7916—87)都规定,口红中霉菌和酵母菌总数≤100CFU/mL(或 CFU/g)。

(2)菌落计数及报告方法:

① 先点数每个平板上生长的霉菌和酵母菌菌落数,求出每个稀释度的平均菌落数。然后选取平均菌落数在 5～50 的平皿,作为霉菌和酵母菌菌落数测定的范围。当只有一个稀释度的平均菌落数符合此范围时,即以该平皿菌落数乘其稀释倍数报告(见表 5-13 中例 1)。

② 若有两个稀释度,其平均菌落数均在 5～50,则应由两菌落总数的比值来决定,若其比值小于或等于 2,应报告其平均数,若大于 2,则以其中稀释度较低的平皿的菌落数报告(见表 5-13 中例 2 及例 3)。

③ 若所有稀释度的平均菌落数均大于 50,则应按稀释度最高的平均菌落数乘以稀释倍数报告(见表 5-13 中例 4)。

④ 若所有稀释度的平均菌落数均小于 5,则应按稀释度最低的平均菌落数乘以稀释倍数报告(见表 5-13 中例 5)。

⑤ 若所有稀释度的平均菌落数均不在 5～50 之间,其中一个稀释度大于 50,而相邻的另一个稀释度小于 5 时,则以接近 5 或 50 的平均菌落数乘以稀释倍数报告(见表 5-13 中例 6)。

⑥ 若所有的稀释度均无菌生长,报告数小于 10CFU/g 或 10CFU/mL(见表 5-13 中例 7)。

⑦ 菌落计数的报告，菌落数在 10 以内时，按实有数值报告，大于 100 时，采用二位有效数字，在二位有效数字后面的数值，应以四舍五入法计算。为了缩短数字后面零的个数，可用 10 的指数来表示（见表 5-13 报告方式栏）。在报告菌落数为"不可计"时，应注明样品的稀释度。

表 5-13　霉菌和酵母菌计数结果及报告方式

例	不同稀释度平均菌落数			两稀释度菌数之比	菌落总数/(CFU/mL)(或 CFU/g)	报告方式/(CFU/mL)(或 CFU/g)
	10^{-1}	10^{-2}	10^{-3}			
1	300	40	3	—	4000	4000 或 4×10^3
2	500	47	7	1.5	5850	5800 或 5.8×10^3
3	489	45	10	2.2	4500	4500 或 4.5×10^3
4	不可计	565	55	—	55000	55000 或 5.5×10^4
5	4	2	0	—	40	40 或 4×10^1
6	不可计	70	3	—	3000	3000 或 3×10^3
7	0	0	0	—	$<1\times10$	<10

注：CFU 为菌落形成单位，按质量取样的样品以 CFU/g 为单位报告，按体积取样的样品以 CFU/mL 为单位报告。

参 考 文 献

[1] 周小峰. 日化产品质量控制分析检测. 北京：化学工业出版社，2010.

[2] 胡斌. 日化产品分析. 北京：化学工业出版社，2009.

[3] GB/T 13173—2008 表面活性剂 洗涤剂试验方法.

[4] GB/T 6368—2008 表面活性剂 水溶液 pH 值的测定.

[5] GB/T 7462—94 表面活性剂 发泡力测定.

[6] GB/T 5174—2018 表面活性剂 洗涤剂 阳离子活性物含量的测定.

[7] GB/T 5173—2018 表面活性剂 洗涤剂 阴离子活性物含量的测定.

[8] 中国食品药品监督管理总局. 化妆品安全技术规范，2015.

[9] QB/T 1224—2012 衣料用液体洗涤剂.

[10] GB/T 13173.2—2000 洗涤剂中总活性物含量的测定.

[11] GB/T 13174—2008 衣料用洗涤剂去污力及循环洗涤性能的测定.

[12] GB 8372—2017 牙膏.

[13] GB 7916—87 化妆品卫生标准.